WHOLE

BRAIN

LIVING

决策
脑科学

[美]吉尔·泰勒◎著

（Jill Bolte Taylor）

黄邦福 郭舫 译

九 州 出 版 社 ｜ 全国百佳图书出版单位
JIUZHOUPRESS

图书在版编目（CIP）数据

决策脑科学 / （美）吉尔·泰勒著 ； 黄邦福，郭舫
译. -- 北京 ： 九州出版社，2023.1
　ISBN 978-7-5225-1550-2

　Ⅰ．①决… Ⅱ．①吉… ②黄… ③郭… Ⅲ．①脑科学
Ⅳ．①Q983

中国版本图书馆CIP数据核字(2022)第227122号

WHOLE BRAIN LIVING by Jill Bolte Taylor Copyright © 2021 by Jill
Bolte Taylon
Originally published in 2021 by Hay House Inc. USA

版权合同登记号 图字：01-2022-6663

决策脑科学

作　　者	（美）吉尔·泰勒 著　黄邦福　郭舫　译
责任编辑	周红斌
出版发行	九州出版社
地　　址	北京市西城区阜外大街甲35号 （100037）
发行电话	（010）68992190/3/5/6
网　　址	www.jiuzhoupress.com
电子信箱	jiuzhou@jiuzhoupress.com
印　　刷	北京联兴盛业印刷股份有限公司
开　　本	700毫米×980毫米　16开
印　　张	19
字　　数	245千字
版　　次	2023年3月第1版
印　　次	2023年3月第1次印刷
书　　号	ISBN 978-7-5225-1550-2
定　　价	62.00元

我永远感激你们的爱：

吉吉、哈尔；弗罗伦斯、比尔；波比、丹迪

目录

5 ⟩ **角色 2：情绪左脑** _ 079

下篇　四个角色如何影响我们的生活和人际关系

序言

当我们掌控自己的大脑，会发生什么

    2008年，我应邀做了一次TED演讲。当时，互联网上只有六个TED演讲视频，我压根儿就不知道TED是什么（后来才知道它代表的是"技术、娱乐与设计"）。我在美国加州蒙特雷市所做的这个题为"左脑中风，右脑开悟"的演讲，成为第一个在互联网上获得空前反响的TED演讲。因此，我和TED都在全球大出风头。

    在这个演讲中，我和听众分享了我的故事：严重脑出血，左脑停转，右脑成为主宰，并最终完全康复。我讲述了我如何通过神经学家的眼睛，痴迷地观察我的大脑神经回路和功能"掉线"。我领着听众踏上我左脑功能退化的历程，并由此进入一种从未体验过的内心和平、与宇宙合而为一的极致愉悦状态。

    做完演讲三个月后，我获选《时代周刊》杂志"2008年度全球100强人物"，成为奥普拉"灵魂"系列网络直播节目的首播嘉宾。企鹅出版社出版了我的自传体回忆录《左脑中风，右脑开悟》，该书连续63周高居《纽约时报》畅销书排行榜。12年来，它在亚马逊网站中风类图书的销量排行榜中一直高居榜首，在解剖学、医学专业传记、神经系统疾病等其他图书类别的销量排行榜中也长期位列前十。

这个18分钟的演讲很快改变了我的世界，也永远改变了很多人的生活。今天，依然有TED演讲者和观众找到我，说那个重要的下午他们坐在第几排，该演讲视频的播放量高达2500万次，是有史以来最受欢迎的TED演讲之一。这些年来，我收到数十万封电子邮件，询问他们如何能进入我所描述的那种内心和平的极致愉悦状态。

毫无疑问，从诸多方面来看，这个演讲获得了惊人的成功。

但是，在我心中，这个演讲未能完成我一直希望完成的一件事情。我希望作为人类的我们意识到，我们是连成一体的；我希望我们能更加尊重和善待彼此。过去十多年来，以礼相待的文化明显衰败了。

也许，这并不太令人意外，因为在我们生活的这个世界，我们的人际关系状况和生活状况都在螺旋式下降，陷入一种令人难受的混乱状态。生活充满艰辛，起起伏伏；我们来到这个世界，都没有带着教我们如何正确生活的"实用手册"。不过，据我所知，我们确实拥有暂停或规避我们的错误习惯模式并做出更好的选择的能力。我们能够时刻选择在这个世界上要成为哪个角色、如何成为这个角色。

同我们拥有的其他能力一样，这种能力的获得也依赖于我们的大脑细胞。我们的大脑是一个神奇的工具，掌管着我们的思维、情绪、体验和行为。从细胞层面理解思维与情绪之间的关系，我们就不会再受制于自己的情绪反应。我们将活出精彩的人生，做最好的自己。我们对大脑的掌控能力，远远超乎我们的认知。

本书的内容，大都源于我目睹自己的大脑遭受创伤而停转的经历，以及后来随着我的大脑细胞慢慢复原而获得的洞察。本书讨论了大脑的解剖结构，但总体上讲，它探讨的是我们如何面对生活中的挑战，如何活出精彩的人生。在书中，你将了解到一种新的范式，用来理解大脑的各个部分如何协作并反映我们对现实的认知；你还会看到一套实用的工具，不但可以用来掌控大脑的情绪反应，还可以用来过上全脑生活。

你是宇宙的生命力，你大脑的神奇之处远远超乎你的想象。本书将为你阐明这到底意味着什么，如何选择掌控自己的力量并运用它们创造自己想要的生活。本书是通往内心和平的路线图，而内心和平其实就在一念之遥。

内心和平其实就在一念之遥。

它随时都在那里，
你随时都可拥有。

上 篇

重新认识你的大脑

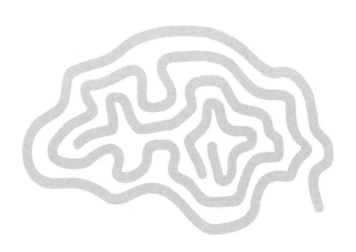

1

掌控大脑，可以决定
你成为什么样的人

我们是宇宙的生命力，
拥有灵巧的双手和认知的左右脑。

我当初选择研究大脑，是因为我有一个比我大 18 个月的哥哥，他最终被诊断患有脑功能障碍：精神分裂症。作为兄妹，我和哥哥从小几乎形影不离，但在很小的时候，我就意识到我俩对现实的感知大为不同。我俩通常有着完全相同的经历，对于刚刚发生的事情他却有着和我截然不同的解读。比如，他可能会根据母亲吉吉说话的语气判断她在生我俩的气，而我很肯定她之所以用那种语气完全是因为怕我俩受伤而吓坏了。由此，我开始着迷于试图理解什么是"正常人"，因为我很清楚，我俩中有一个人是不正常的。据我判断，哥哥并没有察觉到我俩的认知和解读有何不同。

　　为了自己的生存和心智健全，我密切关注自己能从别人的身体语言和面部表情中了解到什么。我开始对解剖学着迷，于是去印第安纳大学攻读生理心理学和人体生物学的本科学位。在神经解剖学实验室做了几年技术员后，我跳过了硕士学位课程，直接去印第安纳州立大学攻读生命科学博士学位。

　　我在印第安纳州立大学医学院的研究方向是神经解剖学，解剖实验室让人感到恶心，但我找到了真正的乐趣：解剖尸体。对我来说，没有什么比人体更壮美的了，所以"恶心"的实验之于我是一次壮美的"款待"。我攻读博士学位期间，我 31 岁的哥哥被正式确诊为慢性精神分裂症患者。你可以想象，得知他被确诊为"不正常"人，我松了一口气，因为这意味着我很可能是一个精神正常的人。

在印第安纳州立大学获得博士学位后，我奔赴波士顿，最初在哈佛大学神经科学系待了两年。接着，又在哈佛大学精神病学系待了四年，与受人敬仰的"精神分裂症女王"弗朗辛·贝内斯博士一起工作。由此，我的研究和职业生涯才真正开始蓬勃发展。我喜欢做实验，通过显微镜观察那些美丽的细胞，我感到一种令人敬畏的友情。

我特别感兴趣的是我们的大脑如何创造现实感知。我研究"正常"死者——我实验设计中的对照组——的大脑细胞和神经回路系统，然后将这些组织同精神分裂症、分裂情感性或双相情感障碍患者的大脑细胞和神经回路系统进行比较。平日里，我都在做创新研究，结果令人不可思议并最终发表为期刊论文，包括《酪氨酸羟化酶纤维在精神分裂症患者大脑前扣带皮层Ⅱ层大小神经元的微分分布研究》《谷氨酸脱羧酶、酪氨酸羟化酶和血清素免疫反应性在大鼠内侧前额叶皮层的共定位研究》。后者成为经典论文，是在线科学期刊《神经科学网》刊发的首篇论文。

周末，我会带着吉他，踏上另一条道路。我以哈佛大学脑库"行吟科学家"的身份四处旅行，向精神疾病患者家庭宣传、研究用脑组织的短缺状况以及大脑捐赠的价值。36 岁时，我入选全美精神疾病联盟董事会，是该董事会有史以来最年轻的成员。这个伟大的组织拥有超过 10 万个家庭会员，他们都有亲人被诊断患有严重的精神疾病的经历。对有需要的家庭来说，全美精神疾病联盟是一个非常重要的国家、州和地方资源。我一边研究精神疾病，一边宣传精神疾病，我的人生有了伟大的目标。我要帮助像我哥哥那样的人，同时紧跟研究和公共政策的最新动态。

我处在人生的黄金时期，身强体壮，正在攀登哈佛大学的晋升阶梯。我实现了自己的梦想，成为精神分裂症领域一名成功的神经学家，并找到了作为全国宣传者的意义。然而，1996 年 12 月 10 日早晨，37 岁的我醒来时感到左眼后面一阵剧痛。

左脑损伤之后，我"看见"了自己的大脑

事实证明，我有先天性神经大脑疾病，发病之前，我并不知道它的存在。我左脑的一个脑动静脉畸形发生破裂，在四个小时的破裂过程中，我感受到我的大脑功能一个接一个地停止运转。中风的那天下午，我不能走路、不能说话、不能读书、不能写字，也不能回忆起我生命中的任何事情。实际上，我已经变成了一个有着女人身体的婴儿。

你可以想象，通过一个神经科学家的眼睛，看着自己的大脑系统逐渐崩溃，对我来说是多么有趣的事情。我左脑损伤非常严重，不出所料地，我失去了说话和理解语言的能力。此外，我左脑的喋喋不休也消失了。由于内部通话回路被切断，我的大脑完全静默，我就在这种状态中度过了整整五个星期。我甚至失去了左脑自我的那个微弱声音："我是独立于整体的个体。我是吉尔·博尔特·泰勒博士。"我的左脑不再唠叨和线性思考，我开始了令人惊叹的当下体验，它是那么美妙。

除了语言功能和个体性的丢失，更糟糕的是，因为大脑左顶叶（负责处理来自外界的感觉信息）受伤，我无法分清自己身体的边界，不知道身体从哪里开始、到哪里结束。因此，我的自我感知起了变化。我感觉自己不再是物质存在，而是一个宇宙般庞大的能量球。进入右脑意识后，我感觉自己无限庞大、辽阔，我的精神自由翱翔，就像一头巨鲸滑

过无声的愉悦之海。

在情绪方面，我不再感受到中风前的那些情绪，只剩下内心和平的极乐感。我知道，这听起来是令人惊喜的恩典——它当然是——但能够感受各种情绪，生活才会更加丰富多彩。在身体方面，中风那个早晨的那四个小时，我不再能30分钟内游完1600米，只能四肢摊开躺在病床上，意识被困在无法动弹、仿佛灌满铅的身体里。

8年后，我的身体才完全康复，我又可以去冲浪和滑水了。在此期间，我恢复了怨恨、愧疚、尴尬等情绪回路，重新获得了那些让生活富有魅力的、更为微妙的感觉和情绪。我们的情绪（哪怕是负面情绪）确实能丰富我们的体验和感知，使生命变得多姿多彩。我的回忆录《左脑中风，右脑开悟》所讲述的，就是我的中风和康复经历以及我学到的关于神经可塑性和大脑复原力的经验。

从那以后，我开始深入研究大脑，探索我从这次"旅居"中得到的最宝贵的见解：我们能够选择打开或关闭我们的情绪回路系统。我们的身体有神经反射功能，比如，用反射锤叩击髌骨肌腱，就会出现膝跳反射；事实上出于同样的原理，如果触发某个情绪回路，我们就会产生恐惧、愤怒或仇恨等反射性反应。

这个回路一旦被刺激，触发情绪反应后，产生该情绪的化学物质90秒内就会流经我们的身体，然后从血流中完全排出。当然，我们可以有意识或无意识地选择重新思考触发情绪回路的那个念头，让伤心、愤怒、悲伤或其他情绪的持续时间超过90秒。不过在这种情况下，我们是在神经层面上重新刺激情绪回路，让它一遍又一遍地运行。没有重复触发，90秒内化学物质被中和后就会停止。我把这称为"90秒规则"，相关的例子将在后面的章节中予以分享。

我和"我们"：大脑中存在着多个角色

我参加的那次 TED 大会，探讨的是"大问题"。

在开幕环节，我们作为演讲者被要求回答："我们是谁？"对于这个问题，我选择的讨论对象是我们大脑中的那个"我们"，也就是我们的左脑和右脑。

那次大会的演讲者名单上不乏世界知名的科学家，比如加拿大人类学家韦德·戴维斯和《国家地理》杂志古生物学家路易丝·利基。而我，只是一个来自印第安纳州、毕业于哈佛大学、从一次严重中风中幸存并康复过来的女孩。不用说，我是那次演讲阵容中最默默无闻的那个演讲人。

我们能够随时选择在这个世界上要成为哪个角色、如何成为这个角色。

大会开幕的前一天，我在台上为 TED 工作人员做了一次预讲。当时他们都在检查音响和灯光，解决后勤问题，因为我带来了一个保存完好的人类大脑，因而需要做一些特殊的准备。那次预讲，我刚讲了六分钟就停顿下来，打算停止演讲，但 TED 策划人克里斯·安德森鼓励我继续。他的母亲曾中风，所以他对我的演讲主题特别感兴趣。

在接下来的演讲中，我带领观众重温了那段经历，再现我中风那个早晨大脑逐步崩溃的场景。我分享了自己在左右脑意识之间摇摆的那种感觉。那是一场戏剧性的"表演"：我的左脑拼命组织救援，我的右脑却在对抗并产生极致的愉悦感。

我描述自己如何挣扎着与我左脑仅剩的功能保持联系，设法打电话求助，即使我说的话无人能懂。当我发现自己如胎儿般蜷缩在救护车里时，我感觉自己的精神投降了，我确信自己正处于弥留之际。演讲到这里，我吃惊地发现，演讲大厅里变得异常寂静，我意识到工作人员都停下手头的事情聆听起来。

"当天下午晚些时候，我醒来了，震惊地发现自己还活着。我感觉我在自己精神投降的那个时刻已经对生活说了再见。后来，我意识到自己还活着，并且找到了极乐世界。如果我能活着找到极乐世界，那所有人都能活着找到极乐世界。在我看到的那个世界里，人人都美好、内心和平、富有同情心和爱心，他们知道自己可以有意识地选择进入右脑意识，获得内心和平。接着，我意识到这是多么伟大的馈赠，是关于我们如何生活的深刻的顿悟。这成了我大脑康复的动力源泉。"

演讲大厅里不再寂静。讲完后，我听到了抽噎甚至是哭泣声。克里斯立即调整了安排，把我的演讲挪到了下午的最后一场。我只是一个来自印第安纳州默默无闻的女孩，但他知道我的演讲很特别，现场听众肯定会被深深打动。事实证明，他是对的。

多亏了那天现场工作人员的积极反应，那天晚上我睡得特别香，醒来后精神焕发，然后就登上了 TED 中心舞台。结束演讲时，我用下面这段话回答了两个"大问题"：

你到底是谁？什么决定了你成为谁？

　　我们是宇宙的生命力，拥有灵巧的双手和认知的左右脑。我们能够随时选择在这个世界上要成为哪个角色、如何成为这个角色。

　　此时此刻，我可以进入我的右脑意识，我们所在的地方，我所在的地方，宇宙的生命力。我是50万亿个美丽的天赋分子构成的生命力，与宇宙融为一体。

　　我也可以选择进入我的左脑意识，在那里，我成为一个独立的个体，一个与宇宙流分离、与你们分离的实体。我是吉尔·博尔特·泰勒博士：学者、神经解剖学家。

　　这就是我大脑中的"我们"。

　　你愿意选择成为谁？你选择哪个角色？何时选择？

　　我相信，我们选择运行右脑的和平回路的时间越多，我们投射于这个世界的和平就越多，我们这个星球也就越和平。

　　我认为，这是一个值得传播的理念。

你可以决定自己成为谁

正如我前面提到的，公众对我那次 TED 演讲的反响持续强烈。显然，作为一个集体，我们正在寻找一套具体的方法，告诉我们如何选择右脑和平意识来抵消这个世界的混乱不堪。我们很多人都在寻求一种范式的转变，以做到无论身处何种境况，都能拥抱内心深处的和平。

我最常被问到的问题是："如何才能让我喋喋不休的左脑安静下来？"

很明显，很多人都想改掉自我评判和批评的习惯。我经常听到有人说："我练习冥想很多年，但只体验过几次你所描述的那种极致愉悦感。通过其他方式，我也能获得那种感觉吗？你冥想吗？如果你冥想，那是什么形式的冥想？你仍然能获得那种极致愉悦感吗？如果能，那我怎么做才能获得极致愉悦感？"

通过冥想、祷告或正念练习，我们当然可以让喋喋不休的左脑安静下来，把自己从思维的牢笼中解放出来。不过，请注意：本书与上述主题毫无关系。本书讨论的是"大脑的力量"。我认为，越了解大脑的各个细胞群和它们的组织方式以及不同细胞回路运行时的感觉，就越能有意识地选择想要运行的神经网络。因此，不管身处怎样的外部环境，我们最终都能选择自己在这个世界上要成为哪个角色、如何成为这个角色。

内心和平其实就在一念之遥。它随时都在那里，你随时都可拥有。

在后面的章节中，我将借助两个不同的学科来解释这个观点。神经解剖学研究的是大脑结构，心理学研究的是意识和心理过程。本书的独特和令人兴奋之处在于：我所呈现的心理学，同大脑解剖学和已知特定细胞群的功能密切相关。开放性地接纳这些知识，你就会对左右脑的意识和无意识领域拥有惊人的见解。如此一来，你就会知道自己在心理和生理层面上拥有哪些选择，因而也会更加意识到你有能力选择成为哪个角色、如何成为这个角色。

我带你踏上的这段大脑之旅，让人想起约瑟夫·坎贝尔的"单一神话"叙事结构：英雄必须采取哪些步骤，才能完成自己的英雄之旅。就大脑而言，英雄必须走出以自我为中心的左脑意识，进入右脑的无意识领域。在那里，英雄感到自己与宇宙万物相连，并被极致的内心和平感包围。掌控自己大脑的四个角色（我们即将展开讨论），你就能开启你的英雄之旅，进入无意识大脑的神经回路，发现内心和平其实就在一念之遥。它随时都在那里，你随时都可拥有。

我的左脑细胞因为创伤而关闭，我不仅丧失了那些细胞及其功能，还丧失了我的部分个性，包括聪明、守纪、守时、注重细节、有条不紊、有条理、熟知生活细节等积极的性格特质。我的这部分个性因为中风而消失，至少在那些细胞得到复原、回路重新上线之前是不可再用的。我还失去了知道自己过去所有挑战、情绪和痛苦的那部分角色。没有了那部分角色，我能体验到的，只有当下内心和平的极乐感。

我用8年时间重建了所有的受损回路，起死回生，恢复了那两个"掉线"的左脑角色。我历尽千辛万苦才弄清楚：我们每个人都有四组独特的细胞，分隔于左右半脑，生成四个稳定的、可预测的角色。从神经解剖学上讲，这四组细胞构成我们大脑上皮层的左右思维中枢以及大脑下层周边系统的左右情绪中枢。我将它们统称为"四个角色"。认识大脑的这四个角色，是我们通往自由的入场券。

我意识到，要理解本书的内容，我们也许就得转变关于大脑解剖学的理论认知。

　　半个多世纪以来，我们都深信不疑：左脑是"理性思维脑"，掌管人的思维；右脑是"情绪思维脑"，掌管人的情感。然而，从神经解剖学上来看，虽然我们的左脑思维组织确实栖息着我们的意识和理性思维（我称之为"角色1"），但是我们的左右脑同样具有掌管情绪的周边系统细胞（"角色2"和"角色3"）。"角色4"则占据着右脑上皮层的思维组织，见图1。

　　也就是说，无论是左脑还是右脑，都同时影响着我们的理性思维和情绪思维。

图1　大脑的四个角色

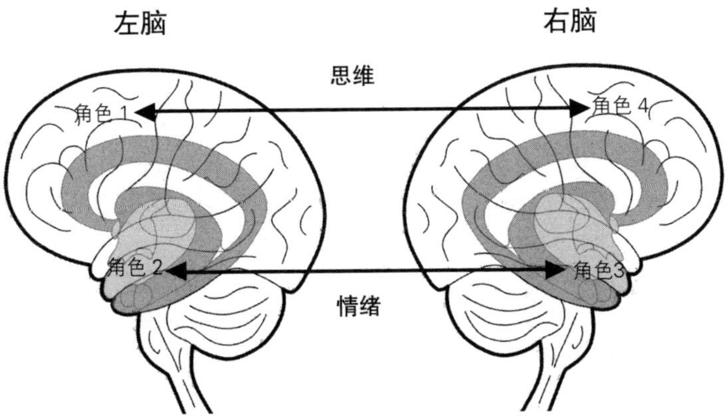

我们是如何思考和感受的

任何时刻，我们的大脑都只进行三种活动：思考想法、感受情绪以及对这些想法和情绪做出生理反应。这些活动全都依赖于执行这些功能的细胞的健康状况。

我们通过大脑周边系统细胞来感受情绪，这些细胞平均分布于我们的左右脑。左右脑周边系统的主要结构呈镜像对称，包括两个杏仁体、两个海马体和两个前扣带回。这意味着我们拥有两套独立的情绪处理模块（"角色2"和"角色3"）。信息通过我们的感觉系统进入大脑后，首先会停留在杏仁体，杏仁体会问："安全吗？"足够多的感觉刺激让我们感到熟悉，然后，我们就感觉这个世界是安全的，见图2。

图2　两个情绪脑

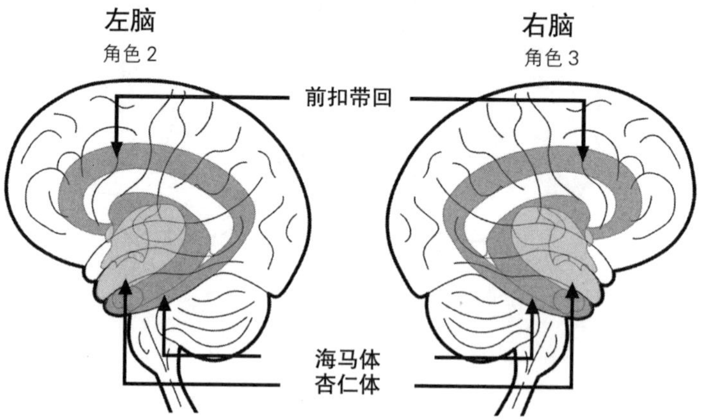

左脑
角色2

右脑
角色3

前扣带回

海马体
杏仁体

然而，如果某个东西让我们感觉不熟悉，我们的杏仁体就会将它标记为危险物，并触发恐惧反应——"战斗—逃跑或装死"。如果你天性好斗，可能就会发怒，嗓门变大，开始与之战斗或试图赶走它；如果你的风格是遇到这种情况时逃跑或装死，那这种反应可能就是你最好的选择。

杏仁体被触发，我们感到恐惧。此时，我们就不能运行海马体的学习和记忆回路。我们无法清晰思考，直到我们按下"暂停键"，花点时间冷静下来，重新感到安全。正因为如此，那些考试焦虑症患者即使试前准备得很充分，考试时往往也表现不佳。从神经解剖学上来讲，周边系统的焦虑回路被触发后，我们就无法进入存储着所学知识的大脑皮质的思维中枢了。

关于我们的体验和行为，了解大脑的解剖结构往往会带给我们见解。如果我们相信大脑只有一组细胞处理我们的情绪，那我们体验到的复杂情绪就令人困惑。从神经解剖学上来讲，我们之所以体验到冲突的感觉，是因为我们有两组情绪细胞，彼此完全分离，不共享任何细胞体。

同样重要的是，这两组情绪细胞模块对输入信息的处理方式也是不同的。了解了我们的左脑是以线性和顺序方式处理信息，我们就会明白，我们左脑的情绪模块设置是引入当下信息，然后将之与我们过往的情绪体验进行比较。因此，我们的角色2被设定为保护我们远离任何过往的伤害，该角色会说"不"并把事情推开。

我们的角色3则恰恰相反，他们处理的是当下体验。因此，他们存在于此时此地，不会回忆过去。我们的角色3不会把事情推开，任何体验，只要发出诱人多汁的肾上腺素气味，角色3都会冲上去热情拥抱。

在哺乳动物的神经系统中，新物种通常是在完整的现有细胞基质之上增添新的脑细胞而产生的。新的细胞组织被设计出来完善和进化下层组织的功能。就人脑而言，虽然我们与狗、猴子等哺乳动物都拥有下层情绪周边组织细胞，但人脑的独特之处在于，我们的两个思维脑新增有上层皮质细胞。

外界信息通过我们的感觉系统不断涌入大脑，它首先由我们的周边情绪细胞加以处理，然后由我们的上层思维中枢加以提炼。因此，从纯粹生物学角度来看，我们人类是会思维的感觉动物，而不是会感觉的思维动物。从神经解剖学上讲，你我都被设计来感受情绪，因此，任何回避或忽略自身感受的尝试，都可能在这个最基础的层面上破坏自身心理健康。

从进化角度来看，人脑的确是一个令人惊叹的神经学杰作，但要记住：它远不是成品。人类仍在不断进化：第一，思维左脑（角色1）的新增组织在与下层情绪左脑（角色2）组织不断整合；第二，思维右脑（角色4）的新增组织在与下层情绪右脑（角色3）组织整合；第三，情绪左脑（角色2）组织在与情绪右脑（角色3）组织相连接；第四，思维左脑（角色1）组织在与思维右脑（角色4）组织相整合。完成这些整合，我们就会进化为全脑生活，见图3。

图3　全脑沟通

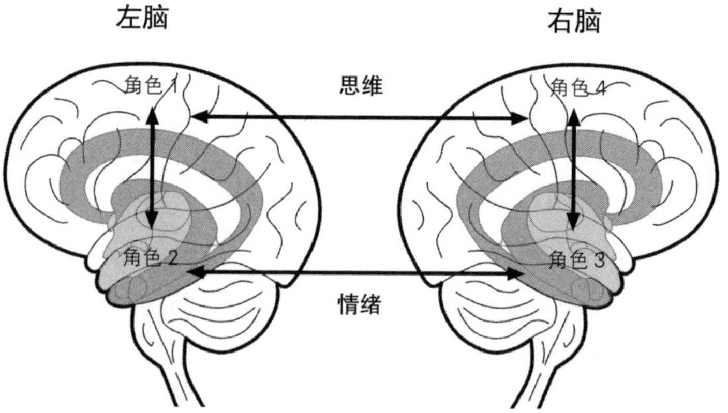

虽然人脑仍处于进化之中，但是我们不难发现，我们左右脑的不同功能（第3章会详细探讨）对我们的生活和社会发挥着怎样的作用。统计数据显示，除两党政治敌对所引起的明显社会动荡外，五分之一的美国成年人会在人生的某个时刻被诊断患有严重的精神疾病。作为一个物种，选择推进自我进化，将有助于个人、集体乃至世界获得和平。

阅读本书时，我恳请你敞开心扉，诚恳地面对自己。只要我们生活的这个社会是因我们的所作所为而不是因为我们是谁而奖赏我们，我们就会感到价值被低估，没有成就感。我们很多人的目标是"摆脱"或"修复"自己最难驾驭、最缺乏吸引力或最脆弱的部分。但如果我们选择接纳、倾听和培育我们大脑的所有角色，我们就会成长、成熟，进化为我们想要成为的那个人。

说明一下，本书基于大脑的解剖学结构，探讨人人都具有的四个可预测且容易识别的大脑角色。我们拥有的各种能力，完全依赖于创造这些能力的下层脑细胞，这四组不同的细胞创造出四组不同的技能，并最终表现为我们大脑的四个角色。很多作者和教师都提到过"真实自我"，你可能想知道他们所指的是其中的哪个角色。事实上，从他们对"真实自我"的描述来看，很显然他们所指的是角色4。但你要明白：这四个角色都是真实存在的。每个角色都代表着我们在细胞层面上真实自我的一部分，都应该被接纳、尊敬和珍视。

全脑生活：左右脑相互协作，提升认知和情绪

请注意，本书内容与精神分裂症或多重人格障碍（MPD）无关，精神分裂症和多重人格障碍都是严重的精神障碍。"精神分裂症"的定义是"大脑分裂"，这里所说的分裂，是指一个人的大脑与社会公认的规范之间的断裂。

精神分裂症的诊断标准，是妄想思维系统支持下的感觉幻觉体验。

精神分裂症患者看到的、闻到的、听到的都是别人没有经历过的东西，他们大脑里输入的信息，是对这个世界的异常感知，因而他们不可能用这些"积木"来构建正常的感知世界。可以预见，他们的大脑会创建一个与异常输入信息相匹配的妄想思维系统。精神分裂症患者的大脑不仅会错误地处理来自正常感知的输入信息，而且这些信息的内部连接会发生改变。因此，精神分裂症患者的大脑在细胞层面上是与正常的信息处理相分裂的，由此产生的妄想思维系统是大脑神经系统误接的副产品。

多重人格障碍是一种与精神分裂症完全不同的大脑疾病。关于这种疾病，还有很多不为人知的地方，比如，大脑为何以及如何产生多重人格。这些人格有时甚至不了解彼此，还可能存在冲突。多重人格障碍是一种病理性疾病，可能表现为应对童年创伤的手段。多重人格障碍的意识分裂发生在大脑内部，精神分裂症的意识分裂发生在大脑意识与外部现实感知之间。

中风后，一旦我的整个大脑重新在线，大脑四个角色全部恢复功能，我发现我不仅能识别哪个回路或角色在运行，还能选择是继续运行该回路还是切换到另一回路。这段不同寻常的经历让我明白：不仅仅是我，我们每个人都拥有不可思议的能力，能够决定自己想成为哪个角色、如何成为这个角色。我希望你也能掌控自己大脑的四个角色，进而完全掌控自己的力量，过上最美好的生活。

在接下来的章节中，我将从解剖学和心理学角度更详细地探讨左右脑和四个角色（别担心——我会尽量讲得有趣和简单），还将探讨各个角色的独特技能，帮助你根据身体的内在感受随时识别自己处于哪个角色状态。

继续阅读本书，你不仅可以读到并理解思维左脑角色1、思维右脑角色4、情绪左脑角色2和情绪右脑角色3这四个角色，还可以了解这四个角色如何互动、如何协作。

认识、理解并培育我们大脑的四个角色及其相互关系和团队力量，我们就可以提升自己的认知，管理自己的情绪，使身体和精神健康。这就是全脑生活。

我完全相信：这是人类进化的目标，我们每个人都能实现这个目标。

2

大脑与人格：大脑决定你的行为和性格

我们是宇宙的生命力，
拥有灵巧的双手和认知的左右脑。

我的父亲哈尔·泰勒是一位牧师。在我小时候，他被委任为圣公会牧师，从事布道工作；我十多岁时，他获得咨询心理学博士学位，成为一名心理治疗师。父亲对各行各业的人都非常感兴趣，他帮助很多公司和非营利性组织提升团队建设能力、管理能力和绩效。他做这一切，采用的是人格画像和性格分型等方法。

　　父亲喜欢帮助人们自助，不管对象是公司总裁、严重的精神疾病患者还是狱中的囚犯。他有一颗金子般的心，在我看来，他唯一的生活目标就是帮助人们更好地认识自己的优点，过上更充实的生活。为此，性格分型是一个很不错的工具。他主要采用的是"迈尔斯－布里格斯性格类型指标"（MBTI），这个工具在二十世纪七八十年代和九十年代非常流行，现在每年仍有上百万人接受MBTI测评。

　　父亲第一次让我接受MBTI测评时，我才18岁，刚上大学。和很多人一样，我抗拒这种强迫选择性的测评，因为我的选择完全取决于我所处的环境。我最初的测评结果是INTJ"建筑师型"人格——内倾（内向）、直觉（直观）、思维（理性）和判断（主观）。心理学家、性格分型专家大卫·凯尔西所标记的这种性格画像清楚地描绘了我的内在性格，但我只是有时候是这种性格；当我和朋友们在一起时，我是ESFP"表演者型"人格——外倾（外向）、实感（感觉）、情感（感性）和知觉（客观）；我上高中时还被选为班里的"活宝"。

MBTI 测评并不适用于我所有的生活场景，它把我划入单一的性格类型，因此，我质疑这种测评的准确性。这引发了我终生的好奇心和驱动力，去寻找一种解剖学上更准确的心理分型体系。追随父亲的脚步，我开始痴迷于心理学和大脑以及思维、大脑、身体和行为之间的关系。只要是有关人类生物学的东西，我都非常感兴趣。

裂脑实验：如果有两个人同时控制你的大脑

我很幸运，在 20 世纪 70 年代末我上大学期间，神经科学逐渐成为主流学科，著名的裂脑手术吸引了公众的注意力。可以说，罗杰·斯佩里博士的研究工作吸引了我，他对几位癫痫病患者的大脑左右半球进行了手术分离。

斯佩里博士通过连合切断术切断了胼胝体——连接左右大脑半球、由约 3 亿个轴突纤维组成的纤维束板——成功地阻止了一个脑半球的癫痫发作传导到另一个脑半球。此外，迈克尔·加扎尼加博士对癫痫病患者所做的心理学实验，也为人们了解大脑左右半球分离后的不同功能提供了宝贵的见解。

作为一名崭露头角的神经学家，我特别感兴趣的是这些实验中的双重人格故事，大脑左右半球在心理学和解剖学上的功能迥然不同。左右半球分离后，这些接受大脑分裂实验的患者明显表现出两种独特的、往往截然相反的人格行为。

有些患者，控制右脑人格与控制左脑人格的意图和行为是完全矛盾的。例如，有位先生想用左手（右脑）击打他的妻子，但同时又伸出他的右手（左脑）去保护她。在另外的场合，此人也明显表现出行为冲突：他一只手扯下裤子，同时另一只手又要穿上裤子。

另一位患者是一名儿童，他的大脑左右半球都具有完整的语言功能。被问及人生目标时，他的右脑人格说他长大后想当赛车手，而他的左脑人格却说他想当制图员。还有一名接受胼胝体切断术的患者报告说，她每天早上穿衣服都是一场战斗，她说她的左右手就像是两块互相排斥的磁铁，对她当天应该穿什么衣服有着不同的想法。她去便利店购买食物时也是如此，她左右脑人格所喜欢的菜肴完全不同。接受胼胝体切断手术一年多之后，她才能够控制单一的意图，有意识地抑制两个意见不合的人格之间的战争。

听到这些故事时，有一点要注意：你我与这些接受胼胝体切断术的患者之间唯一的解剖学差异，是我们大脑的两个半球有胼胝体连接并相互沟通。科学家们认识到，从神经解剖学上来看，这些连合纤维基本是抑制性的，连接着大脑一个半球的细胞群与对面半球的同类细胞群。任何时候，两个半球都有活跃细胞，但两个半球的细胞群会在支配状态和抑制状态之间"跳舞"。

通过这种方式，一个半球能够抑制对面半球同类细胞的功能，并支配该组细胞的功能。例如，我们关注某人说出的单词或意义（左脑）时，往往就不会太关注他的语调变化或要传达的情感内容（右脑）。反之亦然——如果有人朝你大喊大叫，你会很震惊，根本不知道他要表达什么意思，这种经历你也有过吧？

二十世纪七八十年代，整个社会对裂脑研究的反应有些过热，各种基于"右脑"和"左脑"理论的社区计划纷纷冒出来。就连很多学校也参与其中，开设了帮助促进左脑或右脑功能的课程。有关左脑型人和右脑型人的模式化观念进入主流：左脑型人更有条理、守时、注重细节；右脑型人更擅长创造、创新和运动。

不幸的是，面对这波"左脑 / 右脑"热，为了帮助孩子赢在起跑线上，很多家长所采取的策略，是让孩子参加能够运用其天生优势的项目。这当然是可以理解的，因为他们希望自己的孩子能在擅长的领域获得回报。然而，如果他们的目标是培养全面发展的全脑型孩子，那更好的做法也许是鼓励孩子参加不擅长的活动。例如，可以鼓励擅长科学和数学的左脑型孩子参加户外活动、探索丛林、收集数据，也可以鼓励擅长运动和艺术的右脑型孩子设计具有某种价值的、真正出色的科学展览项目。

由于家长们的那些做法，过去 40 年来，我们一直在偏向两个极端。有些书籍和课程被专门用来开发大脑的非优势侧，包括至今仍被广泛使用的经典之作《用右脑绘画》(*Drawing on the Right Side of the Brain*)。此外，你不难发现，营销商是多么精通广告策略，瞄准我们右脑或左脑的偏好。就连我们的电脑系统也是如此：苹果公司的产品被视为右脑创造性的，而基于 Windows 的所有产品都是左脑分析性的。还记得黑莓手机吗？它曾让我的右脑抱怨不已。

左右脑是如何运行的

除了这些利用左右脑的模式化差异进行谋取利益的行为，现在有一部科学巨著可以让我们清楚地理解大脑两个半球的解剖学差异和功能差异。对我们过去半个世纪所了解到的那些差异及其细节感兴趣的读者，可以阅读英国精神病学家伊恩·麦吉尔克里斯特（Iain McGilchrist）博士饶有趣味的新作：《主宰及其密使》（*The Master and His Emissary*）。

此外，如果你想了解一位哈佛大学精神病学家如何运用左右脑特性帮助精神病人康复，弗里德里克·席弗（Fredric Schiffer）博士的著作《两个头脑》（*Two Minds*）将会让你真正地大开眼界。该书甚至指出，我们大脑的两个半球非常不同，每个半球都表现出特有的、另一半球无法识别或表现的疼痛感。

另外，如果你正在寻找替代工具用来解决自己的精神健康问题，理查德·施瓦茨博士的"家庭内部系统治疗"模式也是一种非常有趣的策略，他可以识别和运用人格的不同部分，让他们合作并找到健康的解决办法。如果你想了解更多的关于大脑的知识，这些书籍和工具都是非常不错的选择。

对于任何经验时刻，我们大脑的两个半球都始终在起作用，因此，我无意暗示左脑或右脑是独立运转的。现代科技清楚表明，在任何时刻，这两个半球都在作用于神经系统的输入、体验和输出。不过，如前所述，作为一种标准做法，大脑细胞支配和抑制着它们所对应的细胞，因此，除非死亡，在任何情况下，大脑都不是完全开启或完全关闭的。

思考大脑如何运行，我们自然就会问这样一个问题："一组大脑细胞共同创造了某个人格，这是如何做到的？"我不是第一个提出这个问题的人，也不是第一个先后经历大脑创伤、失去人格特质、损伤细胞康复、旧回路和旧技能恢复的人。不过，我也许是第一个深度"游历"大脑的神经和心理运行机制并带回有关大脑"四个角色"独特见解的神经解剖学家。

大脑细胞是非常奇妙的小东西，有着不同的形状和大小，有规定的能力，发挥着特定的功能。例如，位于左右脑初级听觉皮层的感觉神经细胞就具有独特的、能够支持其处理声音信息的形状。连接大脑不同区域的其他神经细胞也有着与其功能相适应的形状，运动系统细胞也是如此。

从神经解剖学上讲，我们每个人的大脑神经细胞及其相互连接的方式是基本相同的。在结构上，每个人的大脑最外层皮质的脑回和脑沟几乎一模一样，因此，如果你大脑的某个区域受损，就会同我一样彻底失去相应的功能。以运动皮层为例，如果你我大脑同一半球的同一组细胞受损，那很可能我们同样的身体部位就会瘫痪。

我们的大脑左右半球之所以存在功能差异，是因为神经细胞处理信息的方式不同。例如，我们左脑的神经细胞是线性运行的：它们抓取一个想法，将该想法与下一个想法加以比较，然后又将这些想法同再下一个想法进行比较。因此，左脑具有顺序思维能力。例如，我们知道必须先启动发动机，然后再挂挡。我们的左脑是一个神奇的串行处理器，不但可以创建抽象的线性关系（比如，1+1=2），还能显示时序性——借以区分过去、现在和未来。

我们的右脑细胞则完全不是为了创建线性秩序。相反，我们的右脑像是一个并行处理器，可以输入多个同时反映某个复杂经验瞬间的数据流。我们的右脑会增强记忆（受左右脑影响）的深度，从而营造丰富而复合的"此时此地"的当下感。

大脑的很多细胞都负责理解、显示等功能，而其他神经细胞则起着创造想法或情绪的作用。我们用"模块"这个术语来描述相互连接、聚合发挥功能的神经细胞群。例如，支持我们大脑四个角色的，就是特定的神经细胞模块。

我的左脑完全关闭后，我陷入了和平的右脑意识，所有的紧迫感全都消失。

我的左脑发生大出血后，受到炎症、肿胀和颅内高压的影响，我的大部分左脑细胞完全停转。作为对左脑创伤的回应，就如同裂脑病人，原本通过胼胝体控制右脑细胞的那些左脑细胞解除了对右脑细胞的抑制。因此，我的思维左脑角色和情绪左脑角色的力量逐渐减弱，而对应的思维右脑角色和情绪右脑角色获得了解放、自由和主导权，因而变得狂放不羁。

你可能会好奇，中风那天早上，我的左脑停转，怎么还能记得当时的情形？有一点很重要：虽然我的左脑神经回路因为创伤而关闭，但我并没有死亡，也没有失去意识。此外，这次中风也不是"砰"的一声爆炸，然后一切就结束了。相反，我左脑血管爆裂后的四个小时内，越来越多的血液慢慢渗入左脑组织，血液流经之处的神经回路都被关闭了。我所经历的中风，更像是管道缓慢渗漏，而不是瞬间的"停电"。因此，我的右脑仍然能够回放中风那天早上的情形，就像是视频回放。

我的左脑彻底关闭后，我陷入了和平的右脑意识，所有的紧迫感全都消失。在时间上，我的右脑只停留在当下，完全没有对过去的悔恨、对现在的恐惧或对未来的期望。此后 8 年的康复期间，我右脑神经回路的工作似乎就是"处理此时此地的当下体验"。

另外，我左脑原本的功能就像是连接时间的桥梁：它负责连接现在、过去和未来。我左脑细胞的组织方式，使我能够进行线性思维。神奇的是，我的左脑知道我得先穿袜子再穿鞋。

我们有两个大脑半球，这显然是有理由的。如果没有左脑，我们在外部世界就会完全失去功能，没有过去或未来，没有线性思维，没有语言，也没有边界意识。我们的左脑给予我们个体性，而我们的右脑将我们与人类整体意识和宇宙意识连接起来。

大脑的两个半球在共同起作用，因此，我们会体验到本能的二元性。我们天生就会经受持续的内在冲突，这完全是因为我们左右脑具有两种独特的自主性。例如，我的左脑想马上完成家庭作业，但我的右脑想出去玩，等到最后时刻才做作业。

我们大脑中的四个角色

我们左右脑之间的差异，远不只是解剖学、心理学以及由此而来的技能方面的差异。我失去过左脑功能，经过 8 年时间才重获左脑功能，这段经历告诉我：我的左右脑不但会运行对立的功能、建构不同的现实，还是非常独特的、可预测的角色的居所，也就是你在上一章读到的那四个角色。

具体来说，随着我逐渐康复，我的左脑思维模块（角色 1）的功能得到恢复，主导我中风前生活的那个目标驱动、组织严密、有条不紊、控制性的角色也随之恢复。她强大、有力、能干，善于操纵、管理和评判。康复后的她又想做我大脑的发号施令者。

此外，随着我角色 1 恢复了线性处理信息以及判断正误与好坏的能力，我得以重新感受到彼时彼地的记忆所引发的情绪。例如，发生的某件事情让我们感到内疚或羞愧，我们的怨恨日积月累，我们因为过去发生的某件事情而心存报复。随着我的左脑情绪模块逐渐康复并重新上线，我能够重新感受到这些情绪。正如严苛而有生产力的角色 1 是随左脑思维组织的康复而重新上线的，痛苦而审慎的角色 2 得以重新上线，是因为左脑情绪细胞网络得到了康复。

没有了童年那些令人悲伤的情绪回路，左脑情绪模块也就不再有过去的那些痛苦，说实话，我真的很开心。话虽如此，但如果没有丰富而深刻的情绪，生活就会单调无趣。角色2可以感受和知晓我们过去的痛苦，也正是这个角色将我们带上成长的边缘，要么把我们推过边缘，要么把我们拉回到安全的、熟悉的地方。要定义安全的边界，我们就必须知道什么是安全的、什么是不安全的。要知道什么是不正确的，我们就必须知道什么是正确的。要识别光明和快乐，我们就必须了解黑暗和悲伤。

我们的角色2对于其所认为的伤害性的、危险的或不公正的事情会尖叫、抱怨和愤怒。当某事触发我们的恐惧时，角色2会让我们保持克制、逃跑或原地不动。长期以来，这个柔软而脆弱的角色的职责就是保留我们过去的痛苦记忆，以便未来保护我们。要想成为最好的自己、过上最好的生活，我们就必须和我们的角色2建立健康的关系。勇敢地直面自己的痛苦、倾听痛苦传达的信息，我们才会茁壮成长。

在我康复期间，刚获得主导权的角色4感觉开放、延展、友好、宇宙般辽阔，她不想让已经康复的、压力驱动的角色1轻易地重新主导我的意识。我得承认，那些神经网络恢复了运行，我又能够说话、理解别人说的话、知道身体的边界了，我为此感到非常激动，但我更喜欢我的角色4敞开胸怀，保持那种无止境的、宁静的、感恩的状态。正因为如此，我才刻意地选择让右脑继续主导我的意识。如果我能选择运行哪个回路系统，那你也可以。

继续阅读本书，你将深入了解你大脑的四个角色及其带给你的感觉，了解你如何选择成为哪个角色以及如何成为这个角色。

3

我们的大脑团队：
四个角色

我们是宇宙的生命力，
拥有灵巧的双手和认知的左右脑。

我在上一章描述的那些裂脑实验，有一个美妙之处尚未被重视：它们用令人信服的神经解剖学证据证明了大脑四个角色的存在。通过外科手术分离我们大脑的两个半球已经科学地表明，它们不只是结构上分离的整体的两半。实际上，我们大脑的两个半球潜藏着完全不同的角色，每个角色都表现出独特的需求、梦想、兴趣和欲望（设想一下，如果加扎尼加博士当初对那些接受脑裂手术的患者的左右脑分别进行迈尔斯－布里格斯测评，那我们将收集到怎样的智慧之珠）。

出于某些我不确定的原因，现代科学已经背离了 20 世纪 70 年代裂脑研究所获得的诸多见解，特别是关于我们左右脑存在截然不同、通常是相互对立的角色。这种说法逐渐消失，也许是科学家们急于压制夸大其词的公众炒作所附带而来的损害。也可能不是每个人（包括相关的科学家）都意识到了自己大脑角色的多样性，因此，当初的那些知识种子未能获得继续生长所需的养分。

在"左脑中风，右脑开悟"TED 演讲中，我有意提出了一个大胆的观点："我们大脑的两个半球思考的是不同的事情，关心的是不同的事情，而且，我敢说它们的角色也大为不同。"不管这个观点是否受欢迎，我只是希望贡献一些养分，让这个至关重要的对话得以复苏。

认识你大脑中的四个角色

下面列出的这些特征，分属于我们的思维左脑角色1和思维右脑角色4。请注意，这两个思维角色在感知和处理信息的方式上几乎是相反的：

思维左脑角色1	思维右脑角色4
（串行处理器）	（并行处理器）
语言的	非语言的
语言思维	图像思维
线性思维	经验思维
基于过去 / 未来	基于当下
分析性的	动觉的 / 身体的
关注细节	关注整体和宏观
寻求差异性	寻求相似性
评判的	同情的
守时的	迷失于时间流
个体的	集体的
简洁的 / 精确的	灵活的 / 弹性的
刚性的	开放的
关注"我"	关注"我们"
忙碌的	空闲的
意识的	无意识的
结构 / 秩序	易变 / 流动

下面列出的这些特征，分属于我们的情绪左脑角色 2 和情绪右脑角色 3。请注意，这两个情绪角色在感受情绪的方式上也几乎是相反的：

情绪左脑角色 2	情绪右脑角色 3
收缩的	扩张的
刚性的	开放的
谨慎的	冒险的
基于恐惧的	无所畏惧的
严苛的	友好的
有条件的爱	无条件的爱
怀疑	信任
霸道	支持
公正	感激
操纵	顺其自然
保守	创造 / 创新
独立的	集体的
自私	分享
批评	友好
高傲 / 自卑	平等
对错、好坏	基于语境

在本书"中篇"部分，将更深入地探讨这四个角色的各种技能。我不仅会帮助你识别你的这些内在角色，还会探索这四个角色如何协作、组成健康的大脑团队。在"下篇"部分，将考察这四个角色如何运行，或者用我的话说，如何"实践"。我们将首先看看这四个角色如何看待他们与我们身体的关系，然后看看他们在恋爱关系中如何相互作用。我们

的最终目标是与自己和他人建立更多的联系和更健康的关系，因此，我们会看看成瘾对我们大脑的四个角色具有多大的毁灭性，并理解戒瘾为什么对某个人有效而对另一个人无效。接下去，我们将回顾这四个角色在过去 100 年里的演变历史以及科技新产品对不同时代的深刻影响。

为表述清楚起见，我在"中篇"会分享我为自己的四个角色所选择的名字以及我对她们的诸多了解。我这样做，是为了帮助大家更好地关联和识别自己内在的各个角色。我认为，拥有自己的四个角色是至关重要的，这也是为什么我没有给每个角色选择笼统的名称，而是取名为角色 1、角色 2、角色 3 和角色 4。我认为，花一点儿时间为这四个角色取个有意义的名字真的很重要。

角色命名可以随心所欲，既可以用常见的名字，也可以用古怪的名字。有些人选择他们父母或朋友的名字，而有些人则选择神话里的角色名字或自己虚构的名字。你可以随意使用自己的名字或某个新奇之物的衍生词。重点在于，你选择的名字，要一提及就能使该角色回到你的意识前沿。

从解剖学上讲，我们每个人都有一个完整的大脑，都有四个角色。然而，你可能会发现，你的四个角色中有一个会占主导地位。与此同时，某个角色可能极少出现。如果你完全无法识别任何角色，那么可以问问你的配偶或值得信赖的朋友，看看他们是否了解你的这个角色。请注意：我们的四个角色并没有好坏和对错之分，四个角色都值得我们爱和尊重。此外，我们对自己的看法与别人对我们的看法会有所不同，这完全是正常的。希望大家获得的所有见解都能成为个人成长的重要工具。

角色对话："大脑团队"是怎样协作的

我们已经知道，这四个角色是我们大脑左右半球的细胞、回路以及思维和情绪功能模块的自然副产品，对我们的日常生活而言，这意味着什么呢？想想看，你有哪一天没有经历内心的冲突？我们左右脑的价值观完全不同，因此，你的情绪在说一件事，而你的思维在说另一件事，这就是大脑的不同角色在争论。例如，你的思维左脑角色和思维右脑角色可能发生这样的冲突："我应该去陌生的城市接受一份薪水更多、职位更高的工作（思维左脑价值观），还是应该保留现有的工作，让我的孩子们可以留在熟悉的学校、不用离开他们的朋友和亲人（思维右脑价值观）？"

类似地，你的情绪左脑角色和情绪右脑角色则可能会发生这样的冲突："那个人如此伤害我，我就想报复他，让他也受到伤害（情绪左脑价值观）"或者"我就远远地祝福他吧，远离他的时空，治愈自己的心，然后优雅地继续前行（情绪右脑价值观）"。

在这两个例子中，知道哪些角色参与对话、对话的诱发因素是什么，就可以让我们有意识地选择自己要成为哪个角色、如何成为这个角色。

你的情绪在说一件事，而你的思维在说另一件事，这就是大脑的不同角色在争论。

随着你熟练识别自己的四个角色，学会接纳和珍视每个角色给你的生活带来的技能，你就能更有意识地选择角色。不过，仅仅知道这四个角色还不够。你的最终目标是让这四个角色彼此熟悉，建立起健康的互动关系。如此一来，你大脑的四个角色就可以结成一个健康的、装备着你所有的天赋的团队，并且协同发挥功能。

所有团队——比如赛场上的运动队或工作中的同事团队——都会进行紧急商谈，评估局面并制定下一步的行动策略。由四个角色组成的大脑团队也会随时"对话"，分析你生活中发生的情况，然后共同决定要成为哪个角色、如何成为这个角色。

在"中篇"部分，不但会详细探讨大脑的四个角色，我还会与大家分享我称之为"大脑角色对话"的五个步骤，让大家有意识地停下来，唤醒四个角色的意识，然后让他们作为一个团队来思考接下来要采取的最好行动。

我鼓励大家每天练习大脑角色对话，训练大脑迅速而熟练地做出重要的决定。生活顺利时，训练大脑的四个角色进行团队协作，这样在面对威胁时，我们就有技能可用。

在此，我们先来快速预览一下大脑角色对话的步骤。

呼吸（Breathe），专注地呼吸。呼吸可以让我们按下"暂停键"，中断情绪反应，将思想拉回当下，专注于自我。

识别（Recognize）当下运行的是哪个角色回路。

感激（Appreciate）你们发现自己所体现的任何角色，感激你们随时都拥有这四个角色。

探究（Inquire）并邀请四个角色进行对话，有意识地集体决定下一步的行动策略。

掌控（Navigate）你们的最新现状，四个角色各尽其力。

你们会发现角色对话五大步骤的首字母可以拼写为"B–R–A–I–N"（大脑）。我觉得这个首字母缩略词很有趣，不过，它还有一个目的：当我们面对压力，角色 2 的压力回路高速运转时，它可以帮助我们迅速想起这五大步骤。在这样的时刻，焦虑或恐惧涌入血流，压垮回路，因而我们几乎无法思考，此刻，"B-R-A-I-N"这个缩略词犹如一束明亮的霓虹灯光，提醒我们可以采取哪些步骤，召集大脑团队，找回右脑的和平感。

通过大脑角色对话，我们可以有意识地、刻意地让四个角色加入对话，这个过程非常强大，可以给大脑赋能。我们有能力中断情绪反应的自动回路，并有意识地随时选择我们想要哪个角色发挥主导作用。了解我们大脑的四个角色，能够识别他人的四个角色，我们就可以调动全脑更真实地互动，有意识地同他人建立健康的、治愈的关系。

通往内心和平的"英雄之旅"

我在前文中提到，了解你的四个角色，学会如何将他们整合为大脑团队，你就能踏上约瑟夫·坎贝尔"单一神话"叙事结构中的英雄之旅。还值得一提的是，这四个角色与卡尔·荣格提出的无意识心理的四大原型是一致的：角色1——人格面具；角色2——阴影；角色3——阿尼姆斯/阿尼玛；角色4——真实自我。

在"英雄之旅"的经典叙事中，英雄必须听从召唤，离开理性的、基于自我的、处理外部现实世界的意识。借用四个角色术语，英雄必须离开基于自我的角色1意识，进入右脑的无意识领域。要踏上这一征程，英雄就必须心甘情愿地放弃自己的财产和世俗知识，拥抱自我个性的死亡。用爱因斯坦的话来说，要成为未来的自己，就得愿意放弃现在的自己。

可以想象，这对英雄来说是一项多么艰巨的任务；当然，也正因为如此，他才成为英雄。他必须愿意舍弃自己的一切和自我（这就像是佛陀的历程，为了掌握现实的本质、获得开悟，甘愿放弃自己的地位和身外之物）。但是，英雄一旦选择摆脱理性的、基于自我的左脑角色，他就会进入无意识的右脑领域，在此，他会遇到阿尼姆斯/阿尼玛——他本质上是雌雄同体的灵魂。英雄不能同时是两个角色——个体自我和集体自我。要体现富有同情心的、仁慈的右脑角色（角色3和角色4），他就必须放弃主导性的、严格进行公正评判的左脑角色（角色1和角色2）。

我们出生时并没有个体意识，我们的两个大脑半球具有相似的结构和价值观。然而，随着时间的推移，我们的左脑细胞发展出界定我们身体边界的能力，具有这种自我认同，我们就获得了将自己视为独立于整体的个体的能力。正是在这些时刻，我们左脑的个体意识"水滴"才从宇宙意识"海洋"中分离出来。在英雄左脑的自我细胞产生个体自我意识之前，他就已经拥有了右脑无意识的集体认知。随着时间的推移，左脑个体意识发展并逐渐主导和抑制右脑思维的认知。于是，他右脑的宇宙意识就转移到背景中，成为他的无意识直觉。

据说，在英雄放下左脑正义与自我之剑的那一刻，他就从左脑个体意识中解放出来，重新融入其起源——宇宙意识。就像小水滴回归大海，英雄瞬间就被他的灵魂曾经知晓的永恒之爱的极致愉悦感所包围。他仿佛就是那头自己已经忘记的巨鲸，灵魂又回归于宁静的愉悦的海洋，与万物合为一体。

英雄一旦战胜对死亡的恐惧，战胜他日常生活中挥之不去的左脑中的其他怪物，他就可以自由地获得英雄之旅的见解，同时沉浸在他愉悦的右脑智慧中。不过，此时英雄必须做出选择：要么归家并分享他辛苦得来的全脑知识，要么把他收集到的教训留给自己。归家之后，他变得不同了，他面临的挑战是如何在外部世界中平衡地生活，同时又知晓他的意识和无意识角色及其相互冲突的价值观。

　　我邀请你踏上自己的英雄之旅，探索你的意识和无意识左右脑的四个角色。

　　正如我在本书中所概述的，大脑的四个角色为荣格提出的经受时间考验的四大原型范式提供了神经解剖学路线图。就像是一幢房子，有四间房，两间在上两间在下，我们的大脑就是这四个角色的栖息之所。稍加训练，我们就可以识别他们，有意识地让他们建立起健康的关系，然后让他们组成大脑团队，帮助我们和平地生活。

　　只要你愿意停下来识别大脑内部发生的状况，只要你愿意观察自己在不同情形下的表现，只要你愿意将当下意识引入你现在的思维模式和情感模式，你很快就会过上自己选择的生活。我邀请你踏上自己的英雄之旅，探索你的意识和无意识左右脑的四个角色。

　　内心和平其实就在一念之遥。

我想对你的四个角色说

　　随着你继续阅读本书，我要对你的四个角色说下面这些话。

思维左脑角色 1

我要告诉你的角色 1：

吸气。敞开胸怀。呼气。我看你敢不敢读完本书。你可以谨慎地评判本书内容，但评判时请保持开放的心态。我知道你会关注书中的错别字或语义错误，但如果你愿意忽略这些细节问题，你将获得工具作为回报，用来为自己的世界创造更好的秩序，提升与周围一切的联通感。

你的角色 1 会给本书取名为：

《认识你的大脑、掌控你的能力》

《掌控你的大脑：过上最好的生活》

《你的成功始于你的大脑》

《情商背后的原因》

读完本书后，你的角色 1 会说：

"左脑，右脑，请呼吸。"

"真没想到，我的那些部分其实是有价值的。"

情绪左脑角色 2

我要告诉你的角色 2：

没关系的。你不喜欢这本书也没关系。我能听见你的声音。你很重要。你是保护我们所有角色的警报声，因此你是整体的重要组成部分。本书内容将帮助其他角色更好地了解你，保护你的安全并珍视你。你不可或缺，因为你是我们的成长优势。没有你的指导，我们就无法保持安全，就不能进化成为最好的自己、过上最好的生活。

你的角色 2 会给本书取名为：

《感觉很重要》

《你的感受是合理的》

《掌控痛苦》

《我们是会思考的感觉动物》

读完本书后，你的角色 2 会说：

"我有现在这种感受，没关系的。"

"我可以快乐。我可以接纳。我知道自己为什么会有这种感受。我很重要。我没事儿。我感觉充满能量。我是幸福生活的钥匙。"

情绪右脑角色 3

我要告诉你的角色 3：

本书当然有有声读物！你可以边做事边听本书。我知道你这会儿更想去做一些真正激动人心的事情，但如果你愿意掌握这些内容并将其融入自己的生活，其他角色就会认识到你的重要性，给你更多时间去玩乐和创新。

你的角色 3 会给本书取名为：

《我的大脑超级酷》

《我大脑中的"我们"是摇滚明星！》

《四重奏》

《我们的大脑是个整体》

读完本书后，你的角色 3 会说：

"生活比我想象的更美好。"

"我喜欢同所有角色保持联系。"

思维右脑角色 4

我要告诉你的角色 4：

这里有一把钥匙，可以帮助你解锁生活中所有让你变得渺小和束缚你的东西。你是连接超能量的纽带，因为你很清楚，彼此相爱是我们的首要职责。不只是爱我们外在的一切，还要爱我们内在的各个角色。这些内容将帮助你的左脑角色找到他们做什么和他们是谁之间的平衡。你就是一念之遥的内心和平。

你的角色 4 会给本书取名为：

《自由地做你自己》

《我们是生命力》

《和你的大脑交朋友》

《内心和平就在一念之遥》

读完本书后，你的角色 4 会说：

"我们是一个整体。"

"继续阅读……果酱位于甜面圈中心是有道理的。"

内心和平其实就在一念之遥。

它随时都在那里，
你随时都可拥有。

中 篇

四个角色间如何交流

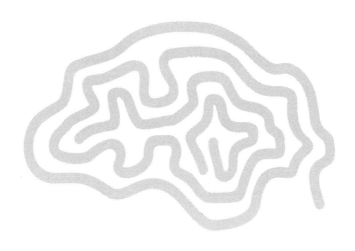

4

角色1：思维左脑

我们是宇宙的生命力，
拥有灵巧的双手和认知的左右脑。

我们的大脑左半球是我们同外部世界进行互动的主要工具。在我中风的那天早上，构成我角色1的那些细胞在血流中游动，因而完全失去了功能。正如我之前提到的，我失去了一组依赖这些大脑细胞才能运行的技能。此外，我的左脑思维网络发生掉线，因而我的某部分角色（我数十年来所熟悉的自我）也随之消失。

我的角色1细胞网络失能后，我无法识别我的身体边界，它从哪里开始、到哪里结束。我得说，即使作为一名神经解剖学家，我也从未被告知我的大脑有一组细胞可以做到这一点。随着这些细胞掉线，我感觉自己是一个巨大的能量球，随同宇宙中的其他能量流动并混合为一。我感觉自己如此巨大，我甚至认为我永远无法将巨大的自己塞回那细小的身体里。你可以想象，我的一部分发现这种意识转变极富洞察力、令人兴奋，而我的角色1如果还能正常工作并思考这个想法，那她肯定会将这种自我的丧失评判为堕落。

除了无法感知自己的身体边界，我的左脑还无法确定外部世界中所有事物之间的边界。我感觉自己是液体，与周围所有事物的能量一起流动。这种感知转变之所以成为可能，是因为我们的左脑被设定为在事物层面而不是在组成这些事物的粒子的亚原子层面感知差异与分离。后者属于我们所说的无意识思维领域，也就是我们右脑的领域。

如果失去左脑，我们真的会失去自我

在我中风的那天下午，我发现所有物质能量的流动都异常缓慢，连左脑也无法觉察。只要左脑专注于固体事物层面，忙于探查那些有助于区分事物的细节，它就无法专注于组成这些事物的像素组件。换言之，我们的左脑专注于区分事物（树木）的细节，而我们的右脑则专注于没有明显特征的，作为整体（森林）流动和作为宇宙流的一部分的像素。

我们的两个大脑半球处理信息的方式是相反的，因此，我们对世界的感知是一种宏观（右脑）和细节（左脑）的混合感知。就像一只在高空翱翔的鹰，它可以觉察下方宏大的景观，同时紧盯着 800 米外脆弱的（看起来很美味的）草原土拨鼠。

我的左脑掉线以致无法再在事物层面探测信息，借用鹰的例子来类比，我失去了将草原土拨鼠从景观中区分出来的能力。我只能感知组成空间的、存在于宇宙流层面的像素化原子。因此，中风那天早上，我站着淋浴的时候，无法区分构成手臂的像素和构成墙壁的像素。我只能觉察到自己的能量，它与周围空间的能量合而为一。我的自我感知超越了所有的边界，我变得和宇宙一样辽阔。

我角色 1 的语言中枢陷入静默，我失去了与他人甚至与自己交流的能力。我不能说话，无法听懂别人对我说的话，而且也无法把字母或数字作为有意义的符号区分开来。中风之前,我知道自己是谁,因为我的左脑有一组细胞制造了我的身份:吉尔·博尔特·泰勒。这些构成我左脑自我中枢的细胞知道我是谁、我住在哪里以及其他诸多细节,比如我最喜欢什么颜色。这些自我中枢细胞夜以继日地工作,密切关注着构成我身份的所有花絮、细节、记忆和好恶。我——吉尔·博尔特·泰勒——之所以存在,是因为我左脑的自我中枢细胞告诉我:我存在。

我们的身份完全是由我们左脑的一组细胞制造出来的,我们随时都会失去自我,想到这些,的确令人有些不安,但我们的自我身份就是如此脆弱。

当我左脑的自我中枢细胞关闭,进入右脑的无意识状态时,我就不知道自己是谁了,我想不起任何关于我中风之前的生活。这并不像是我丢失了一段无法确切说出的记忆,而更像是那些记忆(以及我的自我)根本就不存在。我知道,我们的身份完全是由我们左脑的一组细胞制造出来的,我们随时都会失去自我,想到这些,的确令人有些不安,但我们的自我身份就是如此脆弱。

我左脑角色 1 的丧失与恢复

我的左脑掉线后，我不但失去了所有那些至关重要的能力和功能，我还失去了思维左脑角色和情绪左脑角色。就像是炉灶左边的两个炉头被关掉，我左脑的大部分细胞依然存在，但它们因为受到创伤而无法正常工作。没有了左脑细胞原本高效的线性时间处理能力，我所拥有的只有浩瀚的当下。与"英雄之旅"中甘愿放下左脑自我之剑的英雄不同，我的自我是被动剥离。我的左脑功能丧失后，随着我无意中进入右脑的无意识领域，我变得如婴儿般笨拙无能。

失去角色 2 的最美妙之处（我们将在后文中讨论），是根本没有愤怒和恐惧感。我左脑的过往记忆不再遮蔽我右脑的当下体验，我进入了一种极致的愉悦状态。因为角色 1 的丧失，虽然这种体验很迷人，但是我基本上成了白痴，我无法在现实世界中发挥功能（尽管如此，处于那种无能状态时，我并没有为此感到恐慌）。

在 8 年的康复期间，随着我左脑的神经回路恢复功能并重新变得强大，最终我的左脑角色也恢复并重新上线。就像我之前提到的，我的角色 1 想要再次接管我的大脑、发号施令。尽管她曾高效而出色地掌管着我中风前的生活，她的领导也让我取得了巨大成功，但她所看重的金钱和名望等外在因素不再能激发我的兴趣。

我知道我将不得不重新谋生，但我的右脑角色所看重的，是更和平的生活、更慢的节奏，花更多时间与家人和朋友分享深层次的和有意义的联系。中风后，我一直由我母亲照顾。我的首要任务是搬回印第安纳州，趁他们还健在的时候与之共享美好时光。我清楚生命是多么脆弱，那些宝贵、真实而有意义的联系成为我关注的中心。

中风之前，我一直都在努力上进，为了获得哈佛大学神经解剖学家的地位和金钱，我甘愿牺牲自己的人际关系，离开我的家和我爱的那些人。我左脑的诸多重要功能得以恢复，对此，我心怀感激，但中风后的我不再愿意选择单调乏味地工作、工作、工作。中风前，我的角色1通过外在的奖赏来定义成功；中风后，我的右脑角色通过爱、被爱和服务他人等内在标准来寻找生活的意义。

我把我康复后的角色1命名为"海伦"，她效率高、能力强。我很清楚，要在外部世界成为功能正常的人，我就必须完全依赖海伦。尽管海伦很想重新戴上王冠，重新主导我的大脑，但如今这是不可能的。

无论以哪种标准来衡量，海伦都是一个非常出色的角色，我真的很感激她重新上线，让我恢复了正常功能。但海伦既不是我最友好的自我，也不是我最好的自我，连我的朋友打来电话认出是海伦在主导时，他们都会说"嘿，海伦"，然后亲切地问我当天晚些时候是否会给他们回电话。

左脑意识的特点：创造秩序

在无序中创造秩序

我们的左脑被设计用来在无序的宇宙流中创造秩序，正如鹰能够聚焦草原土拨鼠，我们的左脑也可以通过观察两个物体的不同之处将它们区分开来。一旦我们的左脑识别出两个物体不同，就可以根据细节对它们进行组织和分类。

例如，我可以区分驴和船，是因为两者截然不同，只有少许相似之处。稍加精细化，我的左脑就可以区分驴和猴子，尽管两者都有四肢、头部等相似之处，仍然存在诸多不同之处。随着我左脑提升细节处理的精准度，我可以区分驴和马，虽然两者看上去结构非常相似，但是我可以识别它们的细微差别并加以适当分类。

感知身份，识别个体事物

除了能够区分事物，我们的左脑在某个时间点还可以体现身份和意识。我现在不是在写论文，因此，我权且将左脑意识定义为一种对自身及其与外部世界关系的意识。

物质世界的基本构件是事物，正如我前面提到的，我们的左脑是我们用来感知事物并将其从宇宙流背景中区分出来的熟练工具。我们的左脑识别个体事物，是通过改变其感知方式，来比较、分析和分辨流动粒子在结构和质地上的细微差别的。通过完全专注于事物层面，我们的左脑创造出新的意识层面。

你可能还记得，20世纪90年代"幻眼"立体图像风靡一时。两张图像合成一张图像，调整眼睛的聚焦方式，就可以清晰地看到隐藏其中的二维图像或三维图像。我们左脑感知的聚焦面变化与"幻眼"图像并不完全相同，但原理是相似的。

分离个体，定义边界

除了在事物层面感知外部世界，通过改进和更高层面的区分，我们的左脑还可以定义我们作为个体开始和结束的边界。它通过制造我们自己的全息图像来定义边界，这样我们就可以描绘出我们的内在和外在。

如此一来，我们的左脑就认为物质世界是独立的，并得出结论：存在一个外部现实和一个内部现实。

现在，我们从整体中分离出来，因此，外部世界以及我们与它的关系移到了我们的焦点前沿。这意味着我们不再安全，因为随生命和宇宙流的分离而来的是威胁：我们会有所失去，既会失去生命本身，也会失去作为宇宙中心的"自我"。由于我们已经成为自我宇宙的中心，我们左脑的自我细胞上线后，就会开始组织我们个体周围的外部世界的一切。

更高层面的秩序

随着我们将焦点移到与外部世界的关系上，那种永恒的宇宙流意识还存在，但转移到了背景中。现在，我们的左脑意识关注的是"草原土拨鼠"，无视背景景观，而我们右脑感知的整体领域被搁置一旁。

随着我们的左脑制造出新的意识层面，我们借此将事物以及我们与这些事物之间的关系感知为身外之物，于是，我们产生了更高层面的秩序，并最终达到高级的复杂程度。我们角色1细胞一旦体现出与人交流的语言结构，就会组织、分类、计数、列出并最终命名一切事物。

正如我们在"上篇"中所读到的，随着我们上皮层思维组织的加入，我们人类的大脑不仅增加了新细胞和新回路，还获得了一种功能意识，使我们处于食物链的顶端。有了理性思维能力，我们就可以创建可预测的程序，并根据事物的结构自动将它们组合起来。因为这些顺序驱动了左脑细胞，我们才有了基于现实的意识，也才获得了高等动物的地位。

生活是一个持续性的事件，我们学得越多，我们的大脑就越想学。

　　至此，我们左脑的技能已经发展完备，角色 1 突然闯进来，想成为这个栖息之所的统治者。我们的角色 1 是我们在世界上的力量，也是我们展现的面孔：正如我们在前文中读到的，角色 1 对应"人格面具"原型，荣格将其定义为"用来给别人留下明确印象的……一种伪装"。[1] 作为我们的主导性自我，角色 1 受到挑战时会进行抗争，并为他们所相信的一切而战斗。运用分辨能力，我们的角色 1 可以定义对错与好坏。由此，我们的左脑思维组织为我们建立起世界观和信仰体系，我们借此做出决定并逐步形成我们的生活。

　　我们的思维左脑有条不紊地以线性方式处理数据，同时也在响应新的刺激、建立新的神经连接。生活是一个持续性的事件，我们学得越多，我们的左脑就越想学。我们的脑细胞具有神经可塑性，能够重新安排与之交流的其他神经细胞的能力，这是我们学习新东西的能力基础。

　　我们的大脑是天生和后天养成的产物，因此，我们有能力主动改变引发思想和情绪的细胞结构。这意味着，在地球生命历史上，人类第一次有能力将自己的进化导向更高层次的交流。

　　我们要充分了解大脑的不同部位，要清楚我们有能力运用思想去改变引发这些思想的细胞的解剖学结构。我们可以通过冥想和正念来做到这一点，当然，我们也可以通过大脑角色对话来强化四个角色之间的关系，让这种层面的开放交流成为我们大脑内部的常态。

1　C. G. Jung, *Two Essays on Analytical Psychology* (London: Routledge, 1992), p. 192.

角色1如何面对这个世界

我们的角色1具有目的性、意图性和彻底性。我们的左脑可以将事物组织为可重复和可预测的程序，从而构建起一个感觉熟悉的物质世界。因此，尽管我们与物质世界分离，我们在其中会感到安全。获得个体意识后，我们的左脑成为真正的空间组织大师。判定某件事比另一件事更重要，我们就会进行等级组织；我们会管理时间，以便能够守时；我们制订计划，就是在跨时间地组织我们的行为。

角色1早上醒来，就把当天看成要征服的东西。他们是迫不及待的工作狂，起得很早，喜欢程序，喜欢划掉清单上的事项。工作中的角色1是高效的领导者，擅长管理人、地点和事情。他们把心思聚焦于细节，极富生产力。他们对自己的表现非常挑剔，总是拿自己和别人比较。每一天都是磨炼技能的机会，而且角色1要体现出最高效的自我。

出于其本性，角色1必须创造周围空间的秩序，他们重视整洁，因为外观很重要。角色1做每件事情都会深思熟虑，某事值得做，就要做好。时间很宝贵，因此，角色1不仅守时，还会常常提前几分钟到达。角色1先于你到达，肯定会在意你是否迟到。

角色1看重物质财富，购买高质量商品，管理好自己的东西，如果你不把订书机放回原处，他肯定会给个你讨厌的眼神。我们的角色1擅长赚钱、理财和投资，擅长自我提升和竞争。

角色1是天生的理性思考者，对现实拥有极强的把控能力，会通过推理做出最佳的决定。他们花时间思考为什么会有那种想法，所以会对自己的行为负责。如果你的大脑里有一个完美主义者，那请放心，他就是你的角色1。

好在我们的大脑已经进化出一套角色1技能。由于他们在政府、学术界和商界运用组织技能，我们的社会才井然有序。由于他们具有天然的能力，我们这个物种才拥有了可以抓住想法的神经细胞。除了善于解决问题、收拾烂摊子、安排紧张的日程，我们的角色1还尊重权威、遵守规则，因而常常阻止我们做出真正愚蠢的事情。

角色1如何应对工作与生活

我们来简单看看，我们的角色1在几个现实生活场景中会有怎样的表现。我们将在"下篇"中更深入地探讨这个角色的行为，看看四个角色在我们生活的不同领域如何发挥作用。请将下面的内容看作简短的预览。

请注意，观察处于真实状态下的角色1时，某些情况下我们会区分"软角色1"（角色1没有情绪时才会出现）和"硬角色1"（角色1响应角色2情绪组织发出的警报而生成）。这意味着，我们的"软角色1"独立运行时，倾向于善良、体贴、乐于助人，是出色的团队建设者。而我们的"硬角色1"是在响应角色2的不安情绪时才产生的。因此，我们的"硬角色1"上线后感觉就像是在处理紧急情况，因为他们就是如此。

幸运的是，我接触的角色1大都是"软角色1"，他们有组织、有能力、有效率，而且非常善良。如果我们在情绪警报经常被触发的环境中长大，我们的角色1就会被训练成"硬角色1"。如果你愿意探索角色1背后的动机，可能会发现自己是"软角色1"。但如果你的角色1是在角色2的压力和焦虑中发展出来的，你的角色1就会更像指挥官而不是团队领导者。

中风之前，我的角色 2 处于高度警戒状态，因此，我中风前左脑"海伦"肯定是"硬角色 1"。我记得，我在会议室里发狂，因为每件事都在拖拖拉拉。每次有人偏离议程，我都会严厉批评，而且真切地感受到身体上的痛苦，表现为严重的焦虑。由于童年的创伤，我的角色 2 随时保持紧张状态，我的词汇里没有"放松"一词。然而，中风之后，我的角色 2 回路消失了，我的绝望感和紧迫感也随之消失。中风后重新上线的"海伦"很温柔，跟她的相处更愉快，不再像年轻时那样催得我喘不过气来。

角色 1 在职场中是如何表现的

角色 1 领导者擅长线性思维，从逻辑出发启动项目。不过，为了理解作为商业领袖的角色 1，我们必须区分"硬角色 1"和"软角色 1"的领导风格。"硬角色 1"领导团队，就像是赶牛人，把牛群围成一圈，从后面用棍子驱赶团队工作。"硬角色 1"是团队的领导者，而不是团队的一部分。相比之下，"软角色 1"领导团队则像是牧羊人，在羊群中四处走动并随时给予帮助。

硬角色 1：强硬的支配者

"硬角色 1"领导者是支配、挑剔的思考者，他们基于经过审查的想法和数据来领导团队。他们把团队视为劳动力而不是一群人。对于"硬角色1"领导者来说，成功和失败都会带来真实的后果。他们重视理性，认为情绪不属于职场。"硬角色1"将自己和他人的情绪都视为脆弱和弱点。他们为自己专注工作的能力感到自豪，认为自己在食物链中的地位高于手下。"硬角色1"从来不会说"我也是"，也不会暴露自己的软肋，以此强化这种价值分离。

"硬角色1"领导者是团队的领头人，除了手头的工作，他们不愿与员工发生联系。面对混乱和不确定的局面，他们总是面无表情，所以团队永远不会真正了解整个项目的真实情况。"硬角色1"高高在上地指导项目，不让团队了解项目的全局，因此，员工们保持着狭隘的思维状态。这有助于"硬角色1"保持权威，因为团队成员都不了解情况，也就几乎无法挑战领导者的智慧。

"硬角色1"会先入为主地期望想要实现的目标，关注的是结果而不是团队要采取的步骤。"硬角色1"领导力是线性地、依次地发挥作用，因此，找到根本问题的整体解决方案时可能为时已晚。如果团队无法"鸟瞰"自己要实现的目标，也没有成功实施的路线图，那团队就无法预测或弥补可能出现的小问题或大错误。

我在前面提到过，驱动"硬角色1"领导者的，是角色2所产生的激越状态。为了保护受困于恐惧循环的角色2，"硬角色1"就会被触发。如果"硬角色1"暂停或失败，就无法逃脱紧咬角色2脚跟的"怪物"。因此，"硬角色1"领导者很难休息和冒险，为了战胜竞争对手，他们习惯于凌晨4点15分就起床。

"硬角色1"领导者都是高度的自我批评者。成功之时，他们独自站在项目的顶端，会感觉到孤独和空虚。他们不能满足，不能退缩，也不能放松，因为每次成功之后还需要攀登另一座高峰、逃避另一只"怪物"。他们的成功潜伏着不祥的预感：接下来是什么？失败之时，"硬角色 1"会败得很惨。

同"硬角色 1"领导者一样，"硬角色 1"员工也能在高度组织化的环境中出色地工作。他们需要清晰地界定成功，因为他们害怕失败。"硬角色 1"员工会关注最终的大成功，而不是一路庆祝那些小成功。

虽然"硬角色 1"员工的工作业绩很不错，但是他们只做被要求做的事情，仅此而已。他们缺乏洞察力，无法真正地独立思考，也不会给项目贡献创造力或洞察力。不过，"硬角色 1"领导者并不希望手下独立思考，因为他们将他人视为其高位的威胁。因此，"硬角色 1"领导者往往能和"硬角色 1"员工很好地工作，但前提是这些员工不能觊觎领导职位。

说到变革，"硬角色 1"是一群死硬分子，除非变革能为他们提升优势。例如，如果他们认为新技术（比如更换某个软件或硬件）有助于获得竞争优势，就会接纳它。尽管"硬角色 1"领导者会要求改变，却无助于变革的执行。只要最终结果能带来好处，"硬角色 1"领导者就可以忍受变革带来的各种不便。

"软角色 1"：有感情的领导者

和"硬角色 1"领导者一样，"软角色 1"领导者也是强大的思考者，但他们富有同情心，知道团队是由会思考和感受的人组成的。"软角色 1"领导者以同理心领导团队，认为错误是源于员工的无知而不是无能。"软角色 1"领导者相信每个员工都会努力工作、尽力思考。因此，如果项目中途出现问题，"软角色 1"领导者会调整团队思维，帮助大家重回正轨。"软角色 1"领导者会四处转悠，是团队的重要组成部分，不会独立于团队，也不害怕说"我也是"。员工们觉得自己是在和"软角色 1"老板一起工作，而不是为他工作。

"软角色 1"领导者会为团队创建愿景并提供路线图，这样每个成员都清楚自己的项目角色。"软角色1"领导者从一开始就界定什么是成功、什么是失败。因此，每个团队成员都清楚自己的工作，也感到安全，因为他们知道别人对他们的期望是什么。

"软角色1"领导者会亲力亲为，但不会事无巨细地管理。在这样的环境下，员工工作的每一步都感到受支持和重视。因此，"软角色1"领导者管理下的员工会为自己的努力感到自豪，他们不仅会投入精力，还会投入感情。作为一个团队，他们渴望自己的团队能成功实现最终目标，并且动手去做。

"软角色1"的驱动力是竭尽全力让世界变得更美好。作为领导者，"软角色1"会积极参与团队的整体运转。他们随时了解各部门的最新情况，带领团队前进。至于变革，"软角色1"会接纳新技术，相信它将对团队的整体成功并最终对公司的成功做出贡献。

"软角色1"取得的成功，是整个团队的成功；"软角色1"会庆祝一路上的小成功，以此来保持团队士气。"软角色1"将复杂的局面视为机遇而不是失败，从而将每个团队成员的风险降到最低。因此，每个员工都可以有安全感地向前迈进。团队共同前进，纠正错误，创造另一个小成功。每次成功，"软角色1"都会说"我们成功了"，而"硬角色1"则会说"我成功了"。

"软角色1"领导者会创建和谐的工作氛围，让每个人都能茁壮成长，发挥自己独特的专长。例如，美国国税局的审计让所有人都感到不安，原因很简单：对未知的和潜在的财务审计结果感到恐惧。不过，审计也是一个绝佳的机会，可以让专业人士免费审查财务系统的准确性……这当然是好事，前提是没有查出问题。

即使查出问题，审计也是一个机会，可以让组织按下重置按钮，确保其财务的准确性。"硬角色1"因为害怕正被美国国税局"怪物"追赶的角色2而强行通过审计，而"软角色1"则将审计视为团队建设的机会。谁拥有这类项目的经验？如何最好地为审计做准备？接下来，"软角色 1"会分解责任，要求每个人为自己所负责的任务设定时间表。"软角色 1"领导者会充分利用团队的合作力量以及项目的共同所有权。

"软角色 1"员工在职责确定、工作定时的环境中才会茁壮成长，会不断地庆祝小成功。在这个环境下，员工清楚自己在项目中的角色，也知道自己在老板面前的地位，因此会感到安全、放松，认真完成本职工作。换言之，让"软角色 1"员工感到安全的环境，往往是变化较为缓慢的环境，而不是需求和要求不断变化的环境。政府、大公司和学术机构等大型机构都是"巨轮"，航向改变往往较为缓慢，每次只会调整几度航向。在适宜的工作环境中，"软角色 1"员工才会茁壮成长，甚至会超出其职责范围为团队服务。

角色 1 在娱乐时是怎样的

角色 1 带着计划表去海滩放松、阅读、享受阳光。他们带着整理有序的包，里面装满所需的各种东西，包括毛巾（以及将毛巾挂在椅子上的可爱扣环）、饮料架、书籍或电子书阅读器、手机、毛巾衣、防晒霜以及太阳镜。他们穿着名牌凉鞋和昂贵时尚的运动服。

角色 1 天生注意细节，因而绝不会选择坐在垃圾旁。

角色 1 会建立海滩工作站，一个功能完备的工作空间。到达海滩之前，他们会查看防晒霜的有效期，并根据当天的时间和光照强度制定身体两侧的日晒时间表。角色 1 会像日晷那样随着太阳移动而移动椅子，以便达到最佳的日晒效果；他们非常清楚自己翻身之前能读多少页书。角色 1 会警惕周围的人，采取适当的预防措施来保护自己的电子产品和其他财产，防止身边玩耍的孩子无意中闯入。

角色 1 天生注意细节，因而绝不会选择坐在垃圾旁。角色 1 的工作站可以建在海滩，也可以建在家中或行驶的汽车里。他们有条有理，照管好自己的东西，无论去哪里都会随身带着装满小东西的包。如果选择打排球，角色 1 会争强好胜，因而会一直打到获胜为止。

角色 1 和别人出去玩耍时，融入感很重要，因此，海滩上的这群人会戴着同样的遮阳帽、带着同样的沙滩玩具，只不过颜色不会相同。角色 1 不想特立独行，因此，他们会安排好时间，确保自己能和大家一起吃饭、一起玩耍、一起去洗手间。如果有人过于疯狂，做了彩绘文身，他们也会照做。

在海滩上，角色 1 的思维左脑会自动寻找差异，比较不同种类的贝壳，留意当地鸟类的细节。他们甚至还会带上一本关于当地鱼类和植物的小册子。为了寻找某些特别的、想要收集的东西（比如鲨鱼牙齿），他们会集中注意力，仔细搜遍整个海滩。如果碰巧看见海豚，他们会非常兴奋，因为他们想要把这个信息分享到朋友圈。

角色 1 "快照"

- 有条有理：我的置物架都会编上序号，我的订书机和剪刀用完会放回原处。

- 善于归类：衣柜里的衣服按季节分类放好，抽屉和架子上都贴有标签。

- 天生的"工程师"：我擅长组装家具和孩子们的礼物。我非常喜欢操作指南，一份写得清楚明白的使用手册会让我兴奋不已。

- 干净整洁：外表很重要，因此，下车或接视频电话前我会检查我的衣着、发型和妆容。

- 计划周密：我的日程安排紧凑，为了准时，我会留出一些时间，以备不时之需。我关注数量，因此，壁橱或食品储藏柜里随时都有"备份"。

- 尊重权威：我非常清楚自己所处的层级。我尊重上级，可能会开除下级，也可能为下级承担责任。

- 挑剔对错或好坏：我努力保持道德，对我而言，正确很重要。

- 注重细节：我很在意细节，尽可能做到数字精确，所有事情都要做到完美。

- 计算一切：不管是走下的阶梯数量、钱包里的钱数，还是某人失败的次数，这些我都会记住。

- 自我保护：我将人分为"我们"和"他们"。我保护"我们"，防御"他们"。我们是对的，他们是错的。"我们"优于"他们"，"我们"的需求比"他们"的需求更重要。

角色笔记：识别你的思维左脑角色

至此，我建议你对自己的角色 1 做做笔记，我称之为"角色笔记"。

下面这些问题，有助于你识别你的大脑角色 1。越熟悉自己的角色 1，我们就越容易识别这个角色的出现，也就越容易选择这个角色。

如果你想暂时跳过这些问题并继续阅读，那么请随意。我知道，自我反思需要时间、专注和勇气。如果你已经做好准备，下面这些内容就是宝贵的工具，可以帮助你识别自己的角色 1 意识。

1. 你认得你的角色 1 吗？稍停片刻，想象自己正在做角色 1 创建秩序的任务。想象自己在办公室上班、在计划某件事或在家里整理东西。

我的角色 1 是我大脑的非常专业的角色，她杂耍般同时处理多件事情，并从这种挑战中获得成长。她喜欢查询各种账单、挑剔演讲细节，就连税款都管理得井井有条。不过，我的角色 1"海伦"总是匆匆忙忙、高度专注，她不是最耐心的那个自我。她不但要求别人要有能力、有效率，也这样要求自己。走进房间时，"海伦"会迅速评估要和谁说话，要影响谁或被谁影响。

2. 角色 1 给你的身体感觉是怎样的？忙于处理细节时，你会感到放松或兴奋吗？你会改变站姿吗？你的声音有变化吗？你感觉自己胸部、胃部或下巴紧张吗？

虽然我的角色 1 很强大，但她并不是我的主导角色，因此，思维左脑回路运行时，我会感到身体有些不适。我的角色

1"海伦"有些紧张，因而我面无表情、眉头紧锁、收紧下巴。所有人都能很容易认出我的角色1，因为她说话的语调明显比平常更单调、更充满质疑。此外，她还更严苛，她总是全神贯注地把事情做完，以便将它从清单中划掉。

3. 如果你不认得自己的这个角色，怎么办？

如果你完全无法识别这个角色，那也没关系。不过，由于大脑角色都是源自内在的大脑回路，你的那些技能很可能是天生的。从神经解剖学上讲，所有清除细胞或阻断回路的神经梗塞或发育性疾病，都会中断我们体验这个角色的能力。这就是我中风之后角色1所发生的情况。幸运的是，"海伦"最终得以康复并重新上线。

如果你的大脑并没有遭受过严重创伤，但你依然很难识别自己的角色1，那就要想想：过去是否有人打击过你的角色1，甚至批评、羞辱或贬低过他。小时候的我们完全受周围人评价的影响。我们所信赖的那些人的消极评价和积极评价，都对我们长大后成为什么样的人有着长期而持久的影响。我们的生存和成长离不开他人的陪伴，为了获得周围人的认可，我们会改变自己的行为。如果表达自我的某种方式是危险的，那么我们就不会那样做。

一旦你开始注意到自己的角色1在生活中何时以及如何表现其技能，就要留意这个角色带给你身体的感觉。你的角色1可能会表现得欢快而大胆。他可能很外向，天生就会欺负别人，也可能害羞、勤奋，不想引起别人的注意。这并没有对错之分，不过，至少要觉察到你这个角色的存在。越觉察、越认可、越欣赏他，这个角色的回路就会变得越强大。长远来看，越熟悉角色1带给自己身体的感觉，你就越能够选择进入或移出你的角色1。

想要更多地了解你角色1的技能，你可以问问自己：我什么时候会维护自己的权威？我什么时候会为自己或他人做决定？我如何安排我的时间、饮食和穿着？我会负责什么——养宠物还是去食品店购物？我守时或衣着得体的动机是什么？我的抽屉或储物柜是否整齐有序？我如何花钱和培养友谊？

如果你仍然无法识别自己的角色1，或者你的角色1让你感觉尴尬或不可接受，那就要考虑梳理你的过去，看看是否有人（老师、父母、兄弟姐妹或朋友）不尊重你的意见、不允许你发声，是否有人总是对你发号施令或控制你的财务，是否有人认为你笨拙无能因而总是事无巨细地照顾你的生活，是否有人记住你的失败，然后不断地提醒你：你很无能。人际互动并不总是健康的，虽然我们角色1的技能对于获得成功非常宝贵，但是某个人的角色1很可能会通过苛刻的评判或操控来压制另一个人的角色1。

如果这些都没有效果，就要考虑寻求他人（朋友、配偶或同事）的帮助，问问他们如何看待你的这个角色。他们可能比你更了解你的角色1，也可能非常清楚你汽车或抽屉里的状况，认为你的行为没有体现出这个角色。没错，身处一个强调秩序的世界，即使没有强大的角色1，有些人也可以在混乱中从容应对、茁壮成长。

4. 如果你可以识别自己的角色1，你有多少时间让这个角色掌控你的生活？在何种情况下？

我在前面提到，我非常尊重"海伦"和她的技能，因为她工作非常出色，让我的生活运转顺利。不过，我还有别的角色，大多数时候我更愿意由她做我的主导角色。

直截了当地说吧，不管这四个角色中哪个角色占据主导地位，你都是独一无二的，你的多样性就是你的优势。角色1可能是最好的领导，但就我个人而言，我喜欢花更多的时间玩耍，这要比和"海伦"待在一起更舒服。正因为如此，我的四个角色经过协商后为"海伦"安排好了日程表。你可能正好和我相反，选择安排好玩乐时间，工作时间则为默认设置。请放心：这里没有对错之分，只要四个角色拥有同等的发言权并能达成一致。要想获得内心的和平，这四个角色都需要得到倾听、尊重和认可。

我的角色1"海伦"通过列清单让我的生活井然有序，但她并不独自创建所有的清单。相反，她邀请四个角色一起合作。当我的某个角色意识到需要关注某件事情时，她就会把这件事情加入清单。我所有的角色都会支持"海伦"，帮助她做到最好，而这又强化了她的决心，因为她认为自己受到重视。通过角色对话（前文已提及，后续将深入探讨），四个角色发出坚定而一致的声音，不会留出任何诱惑或拖延的空间。

如果角色1是你的主导角色，那我希望你真心喜欢并了解自己的这个角色。角色1生活在现实世界中，如果被允许掌控我们和周围人的生活细节、创造秩序，他们就会茁壮成长。不过，请注意：运行压力回路的，常常是我们的角色1，因此，其他角色帮助我们保持健康和平衡同样很重要。

5. 想到你的角色1时，你能为他想出一个合适的名字吗？

"海伦"是我的勤奋角色，她会完成我所有的待办事项。

多亏有了她，我才知道自己的身体开始和结束的边界，她是我的自我和身份的家。因为"海伦"非常注重细节，所以我知道自己是谁，我记得自己的过去，我能从错误中学习，我能找到回家的路。

你呢？你觉得怎样称呼自己的角色1才合适？对于你的这个角色，你特别喜欢哪三点？

6. 在你的人生经历中，哪些人的角色1对你产生过消极或积极的影响？他们的角色1是激励还是压制过你的角色1？

我猜，对你来说，找出影响过你人生的那些角色1并不困难。在我小时候，我的母亲被同行戏称为"最棒的女主人"。她不但像时钟一样精确地管理我们的家，还管理她的大学课堂以及我父亲教会的300个家庭会众。作为角色1的超级成就者，她实至名归。

小时候生活有秩序对我很有帮助，但我不能说我一直喜欢秩序。如果要问我母亲曾决心做什么，那就是训练她的孩子们拥有强大的角色1。事实证明，这是一场艰苦的战斗，因为我的父亲没有一点儿角色1。不过，母亲做强大的角色1榜样，父亲做杂乱无章的榜样，两者的组合确实让我珍视母亲一直想办法给我灌输的"礼物"。秩序是美好的东西，它确实能让世界的运转更顺利。

我生命中另一个强大的角色1是瓦莱丽·欧瑞尔夫人，她是我上高中时的高级英语写作课老师。这位女士简直吓坏了我，不过，出于某种原因，在她面前，我比在之前或之后的任何老师面前都学得更好。她既是宏观思维者，也是具有专业知识的细节控。她把最好的都给了我们，也期待获得同样的回报。虽然她让我感到害怕，但是她吸引了我的注意力，我从她那里学到了很多东西。看看现在的我……我会写作，即使天堂里的她可能还在因为我写的悬垂分词以及那些以介词结尾的句子而抱怨不已。

我还能想起几个不太友好的角色1，他们给了我宝贵的人生教训。也许没有他们，我也能活。初到哈佛大学，我的同事们大都觉得我充满活力、友善、热情，令人耳目一新。然而，我有一个角色1上级明确告诉我：我过于快乐，根本成不了严肃的科学家。我承认，他对我职业生涯的非建设性影响，是激励我赢得系里最负盛名的研究大奖的部分原因。他可能已经忘记了对我说过的话，但赢得这个奖项，我倍加满足。顺便提一下，角色1要意识到，你的带着敌意评判可能会对他人产生负面影响。

你呢？你生命中有哪些强大的角色1？你的角色1或其他角色对他们作何反应？

7. 在你的一生中谁欣赏、关心、认同你的角色1并喜欢和他相处？这些关系是怎样的？

不管是工作还是社交，角色1都更喜欢和其他角色1相处。他们关心同样的东西，看重志同道合。在这种模式中，我明白，"海伦"很独特，并非所有人都喜欢和她相处。我的一些朋友拥有强大的角色1，他们很乐意组成团队做项目，因为最有生产力的团队，莫过于彼此喜欢、彼此尊重的角色1组成的团队。

因此，"海伦"同我的会计师、银行经理和行政助理很能产生共鸣，但"海伦"只是我完成工作的工具，我下班后，她就乖乖地退居幕后。如果你的主导角色碰巧也是角色1，那我俩的生活状况可能会截然不同。话虽如此，我还是要感谢你让这个世界保持顺利运转。

8. 在你的生活中，谁和你的角色1合不来？

80岁时，我父亲开着漂亮的敞篷汽车周游全国，结果出了车祸，汽车发生翻滚。那是不幸的一天，此后的16年里，我成了他的主要照顾者。车祸之前，我和父亲关系很好。我们是朋友，我们有很多共同之处，因为我俩的主导角色都是充满活力和创造力的角色3。然而，我们之间的一切都因为那场车祸而发生改变。我不再是他的女儿和朋友，我成了他生活中的权威女性，相貌像他的母亲，声音像他的前妻（我母亲）。

因为那次车祸，我不得不接手、管理父亲的财务、医疗需求以及所有的照管事务。这不是我想要的工作，但作为身边唯一可以照顾他的子女，这份工作自然落到了我的肩上。我感到最困难的是，我的"海伦"承担起所有责任，但没有足够的实际能力来保护自己。父亲现在受我管控，他为此感到愤愤不已；我只想保证他的安全，他却反抗我角色1的权威。我敢肯定，他并没有意识到：他越反抗，我的"海伦"就越严格地保持秩序。对我俩来说，这段经历很不愉快。

我猜，你的角色1同家人、朋友甚至是同事也存在着某些人际关系挑战。我们的角色1替他人做事，往往很难得到他们的感激。表达感激之情，会让人感到振奋。的确，帮忙和干涉之间存在微妙的界限。我认为，一定要记住：一般而言，角色1只是想帮忙。

9. 你的角色 1 是什么样的父母、伴侣或朋友？

几年前，我帮助一位朋友识别她的四个角色，她意识到自己养育两个孩子的方式完全不同。在儿子面前，她体现出富有创造力的角色 3，是儿子的啦啦队队长，只有他请求时才会提供建议。然而，对于女儿，她体现的却是她的角色 1：给出她的看法，总是唱反调。我的这位朋友说，她和儿子的关系非常健康，相处轻松愉快，但和女儿的关系很紧张，经常发生争执。她改变了教育女儿的方式，加入她的其他角色，两人的关系很快就得到改善。

仔细观察我们的角色 1，我们很容易注意到，我们的这个角色显得有些冷酷、机械和无情。这是因为我们大脑的这个角色是专门用来创建混乱世界中的秩序的。纯粹地看，我们的角色 1 并不是用来表达情感的。正如我们"上篇"所讨论的，我们的左脑思维组织是在左脑情绪组织之上添加的，专门用来改善和调和我们角色 2 潜在的不满情绪。因此，我们常常会发现，我们的角色 1 会教育、支持甚至是约束我们的角色 2。

10. 你大脑的角色 1 和其他角色之间的关系如何？

我可能讲得有些超前，因为我们还没有详细讨论完四个角色，不过，我猜你可能已经感觉到每个角色如何体现在你的生活中。我坚信，我们拥有的最重要的关系，是我们大脑四个角色之间的关系。因此，一定要清楚你的角色 1 如何看待你的其他角色、如何与他们互动。

刚上小学时，我因为穿着条纹衬衫和格子裤而被老师送回了家。显然，我的不当穿着冒犯了其他女生的角色 1，老师认为我最好换件衣服，因为她们在鄙视我。我那幼小的角色 3 不明白问题出在哪里，因为从我的角度看，穿上我最喜欢的上衣和裤子让我很开心。我幼小的直觉右脑甚至无法想到，这可能是一种视觉或远距离的冒犯。

直到上了大学，我的"海伦"才完全上线。这能说得通，因为那是我第一次离开家，母亲不再方便保持我的生活秩序。坦率地说，如果不想邋遢地生活，我就得自己面对，开始照顾自己。我承认，这一切并非自然发生，直到我爱上解剖学研究，而且获得学术上的成功也需要高度的秩序。

可以预见，我越有组织性和条理性，我就会学得越多，成绩也就越好。然而，令我沮丧的是，我的角色1突然认为击剑和打网球完全是浪费时间。"海伦"变得强大，认为我那些轻松自在的角色无法无天、令人讨厌。在某个特定的时刻，我们得学会温和地商量如何分配工作时间和娱乐时间。我知道，对我们很多人来说，找到这种平衡永远是最大的个人挑战之一。

小测试：了解你的角色 1

1. 你认得你的角色 1 吗？稍停片刻，想象自己正在做角色 1 创建秩序的任务。想象自己在办公室上班、在计划某件事或在家里整理东西。

_____

_____

2. 角色 1 给你的身体感觉是怎样的？忙于处理细节时，你会感到放松或兴奋吗？你会改变站姿或者你的声音有变化吗？你感觉自己胸部、胃部或下巴紧张吗？

_____

_____

3. 如果你不认得自己的这个角色，怎么办？

_____

_____

4. 如果你可以识别自己的角色 1，你有多少时间让这个角色掌控你的生活？在何种情况下？

_____

_____

5. 想到你的角色 1 时，你能为他想出一个合适的名字吗？

_____

_____

6. 在你的人生经历中，哪些人的角色 1 对你产生过消极或积极的影响？他们的角色 1 是激励还是压制过你的角色 1？

_____

_____

7. 在你一生中谁欣赏、关心、认同你的角色 1 并喜欢和他相处？这些关系是怎么样的？

_____

_____

8. 在你的生活中，谁和你的角色 1 合不来？

_____

_____

9. 你的角色 1 是什么样的父母、伴侣或朋友？

_____

_____

10. 你大脑的角色 1 和其他角色之间的关系如何？

_____

_____

5

角色 2：情绪左脑

我们是宇宙的生命力，
拥有灵巧的双手和认知的左右脑。

中风那天早上，我的角色1和角色2细胞受到严重创伤，完全掉线。17天后，医生从我大脑里取出一个高尔夫球大小的血块。这个血块一直挤压着我的左脑组织，不但阻断了细胞间的交流，还使细胞发生了移位。

　　我的角色1知道如何进行数学计算，虽然某些细胞因为创伤而坏死，但是手术1个月后，许多角色1细胞得以康复并恢复交流。我的角色1花了8年时间才完全恢复上线，就数学而言，我虽然恢复了某些技能，但无法再做复杂的数学证明和方程式。另外，我的角色2被擦除干净，就像是一块底板，再也没有恢复。因此，中风造成的创伤永远剥夺了我过往的情绪。

　　我在"上篇"中提到，回想起那些创伤或快乐的经历时，我们的思维记忆常常和我们的情绪记忆发生关联。例如，我4岁时，约翰·肯尼迪遇刺身亡。我还记得，当时我在邻居家里玩儿，刺杀新闻刚播出，他们就让我回家。我年龄太小，无法理解总统或刺杀是什么，但我还记得，当时我走进家门，感到某种怪异的死亡感。我不确定当时是否看见母亲在哭泣，我只记得我感到茫然和恐惧。

　　中风之前，想起那一天，我可以"回放"那些思维记忆，并夹杂着那种死亡的感觉。然而，中风之后，我的角色1想起当天的思维记忆时，我的情绪角色2对该记忆没有任何情绪内容。虽然我还记得当时的某种感觉，但是我再也无法重温那种感觉。再举一个例子，获得博士学位是我人生中最重要的一天。虽然我还记得当天我感到非常自豪，但是我对当天的记忆没有任何情绪。

我在前面提到，人脑和其他哺乳动物的大脑之间的根本区别，是我们的角色1和角色4都新增有思维组织。我们在前面讨论过，这两个思维角色上线，是为了调适和改进下层的角色2和角色3的情绪周边组织。

不过，要真正了解我们的情绪角色，我们就需要理解：正如人类和其他哺乳动物的区别在于人类的大脑角色1和角色4新增有思维组织模块。同样，我们的两个情绪角色通过进化也可以改进和调适我们的"爬虫类脑"的下层结构。

"爬虫类脑"：让我们避开危险

仔细观察我们"爬虫类脑"的脑干结构，我们会为其高度自动化而心存感激。幸好，我们不必告诉我们的心脏要跳动或是面对危险时让它加速跳动。想一想，如果我们必须有意识地提醒自己要呼吸，那该多累啊。我们遗传的"爬虫类脑"专门负责这些基础活动，此外还负责调节体温、管理平衡以及驱动交配欲求。

从生理学角度来看，我们"爬虫类脑"的结构的存在都是源于求生本能，很多回路的运行就像是开关。由于这些功能是我们生存所需，我们大脑的"爬虫类脑"部分既有刚性又有强制性，某个回路一旦开启，就会保持开启状态，直到它得到满足或精疲力竭。例如，我感觉饿，直到得到满足；我感觉渴，直到得到满足。有意思的是，我大脑的这个部分必须告诉我停止喝水，否则我会被水灌死。

由于有脑干细胞，我不会觉得累，直到我的大脑关闭警觉响应并释放出产生睡意的神经化学物质。我能醒来，是因为我有一组奇妙的、专门负责唤醒我的细胞。如果这组细胞发生意外、停止工作，我就会昏睡一辈子，没错，我会陷入昏迷状态。

在这个最基本的信息处理层面，我能呼吸，是因为我的"爬虫类脑"脑干有一组细胞告知我的呼吸膈肌收缩，作为对该拉力的响应，空气会被吸入肺部。如果这组脑干细胞受损，我就会死亡，除非有呼吸机帮助我呼吸。

通过触发固定的行为模式，我们的脑干细胞对外来刺激做出响应。与此同时，某些脑干细胞会确定我们是喜欢还是排斥某个东西。想想你上次感觉有东西在皮肤上爬时所做出的反应。你的反射性反应就是你的"爬虫类脑"和脊髓连接的副产品，驱使你扬手赶走爬虫。接着，你马上会感觉某种厌恶情绪弥漫全身。这是两组不同回路的"组合拳"：先是脑干的无意识自动行为，紧接着是渗入我们意识的某种情绪。

脊髓是一种组织有序的结构，就像多车道的高速公路，将特定种类的感觉向上输送至脑干，然后从脑干向下运动。不同的"车道"将特定的感觉向上输送至脑干的复杂区域用于处理。某些特定的感觉会涉及我们的快速通道痛感纤维，输送的是急性疼痛感，比如被食肉动物咬了一口那种感觉。顾名思义，这种强烈的痛感由伤口部位向上快速抵达脑干，并自动触发一系列的可预测反应，包括发出声音（拼命喊叫）以及反击或驱离等战斗反应。相比之下，我们的慢速通道痛感纤维则将钝痛或酸痛（比如慢性肌肉疼痛）向上输送至脑干中枢的不同区域，并触发相应的反应，比如伸展身体，伸手去拿止疼药。

我们是会思维的感觉动物

许多神经学研究一直致力于绘制脑干细胞与大脑上层结构之间的连接图。同时，厘清脑干细胞与新增的哺乳动物周边系统情绪组织之间的连接状况，这对科学家们来说也是一大挑战。虽然我们已经清楚许多脑干细胞群的功能，但由于该部位纤维密度极薄，加之我们对活人的跟踪研究受限，因此有些连接仍然是一个谜。

在最基础的层面上，我们大脑杏仁体的工作，是时刻问"我安全吗？"

我们已经清楚，脑干将整理有序的数据上传给角色 2 和角色 3 情绪组织，然后由他们对这些数据通过情感过滤加以调适和提炼。我们是会思维的感觉动物，不是会感觉的思维动物，因此，我们的角色 2 最终会将信息上传给我们的角色 1，而我们的角色 3 则将信息上传给我们的角色 4。接着，我们的两个思维脑会调节两个情绪角色，同时分享其特有的时间意识模式。

位于我们两个大脑半球的周边情绪细胞直接接收来自"爬虫类脑"组织的信息。不过，虽然我们的左右情绪脑从脑干接收的是相同的信息，但是两者处理信息的方式截然不同。简而言之，我们的脑干（中脑中线区）将信息直接传送给左右脑杏仁体的情绪细胞。我们大脑的左右半球各有一个杏仁体，其职责是基于感觉对威胁进行自动评估。

在最基础的层面上，我们大脑杏仁体的工作，是时刻问"我安全吗？"这个"安全"可能是指身体安全，也可能是指情绪安全。我们角色2模块的杏仁体组织接收的是关于当下的信息，然后立即同过往信息进行比较。例如，假设我小时候被一个又高又瘦、金色头发、戴着红色球帽的恶霸欺凌过，未来的某个时刻，如果我再碰到类似的人，我角色2的杏仁体就会识别这些特征并发出内部警报。

不过，我们右脑的杏仁体不会对当下经历和过往经历进行比较。相反，我们将在后文中读到，它只关注此时此地的当下经历。由于我们的两个情绪系统以相反的方式同时评估外部威胁，因此，我们可以同时获得两种益处：此时此地的"大画面"，以及源自过往经历的智慧。

我们左右情绪脑对威胁所做的不同评估，直接导致了我们意识的双重性，认识这一点是至关重要的。我们的角色3始终停留在当下意识领域，随时直接关联宇宙意识进行自我感知。而我们的角色2一旦进入过去时间意识，就会将自己定义为外部三维世界中的一个个体，不再和宇宙流融为一体，而是分离的、独立的个体。

因此，我们左右脑的进化永远处于两条相离且平行的意识轨道，呈现为二元对立的存在。我们的右脑进化出宇宙当下意识，而我们的左脑则基于我们的个体性和过往经历进化出自我中心的特征。

外界刺激信息经由脑干细胞涌入我们的左右脑杏仁体，如果这些信息多到足以让我们感到熟悉，我们一般会感觉安全和内心和平。然而，只要一个杏仁体将某个东西感知为威胁，就会触发我们的危险警报，引发"战斗—逃跑或装死"响应。我们的两个情绪系统在处理信息的方式和价值观上存在着根本的差异，因此，我们的情绪角色2和角色3所感知的威胁及其自动反应方式也是不同的。我们的两个情绪脑天生就是独特的，其差异性很可能表现为内部的情绪冲突。

想想此刻你的大脑里在发生什么。看看你的四周，然后问问自己：我在所处的空间里感觉如何？这个空间是吸引我，让我感觉舒适、放松和滋养，还是让我感到挣扎和痛苦，必须收拾干净才能集中注意力？我们的这两种感觉时刻都在运行，而且往往是在两者之间来回跳跃。我们感受的，要么是与过去某事相关的情绪，要么是不受过去影响，只对当下做出反应的情绪。

你的焦虑与恐惧从何而来

从生理学上讲，我们的"爬虫类脑"负责处理疼痛、攻击、快乐和交配欲求，而我们的两个情绪脑则专注于自我保护。它们都致力于调节身体对情绪刺激的反应，恰当地触发"战斗—逃跑或装死"自动响应。当我们感到紧张、恐惧或兴奋时，我们的情绪系统细胞就会加速心脏跳动，不但会影响我们的心率，还会影响我们的呼吸深度。

此外，我们还完全依赖我们的情绪组织特别是海马体（左右脑各一个）细胞来创建记忆。要注意的是，我们的杏仁体和海马体存在着对抗性：杏仁体发出警报后，海马体会关闭警报，我们无法再学习和记忆新信息，因为我们在忙于处理紧急情况。想想生活在高压（杏仁体警报）之下的孩子，他们的学习脑在神经解剖学意义上被关闭后，是根本不可能学习任何东西的。

在基础层面上，我们的情绪脑通过表达恐惧和焦虑向我们表达立场；恐惧和焦虑的运行回路是不同的，而且一般由不同种类的事件触发。恐惧这种强烈情绪通常是在当下（右脑）触发，是对已知、确定和迫近的威胁所做出的反应。例如，假设我步行穿过森林时差点儿踩到一条在路上爬行的蛇，我怕蛇，所以恐惧反应立即被触发。我感到一阵强烈的不安，发出尖叫，心脏狂跳，手脚酸软，血液涌入我的四肢，于是我向后跳开。我睁大双眼，疯狂地查看四周，看看那个恐怖的东西去了哪里。哦，对了，非常尴尬的是，我忘记自己正和朋友电话聊天，她可能听见了整件事情的发生，此刻正在笑话我或被我吓到。这取决于她的哪个大脑角色占据主导地位。

虽然我们也会为当下感到焦虑，但触发焦虑的，通常是过去（左脑）发生的或者预料未来某个未知时刻会发生的经历或创伤。焦虑会引起全身紧张，并伴有绝望感和自我怀疑。造成焦虑的，多半是我们的忧虑、烦恼或担忧，觉得某件不可预测的、糟糕或危险的事情会发生，因而感到身体或情绪虚弱。回到"遇到蛇"那个例子，恐惧化学物质一旦流经全身并随血流消散（"90秒规则"），我的焦虑回路马上就会运行，我担心自己还会再遇到蛇，而且这种危险迫近的感觉挥之不去。

必须指出，经过训练，我们的角色2可以控制恐惧的自动反应，但在神经回路层面，我们是会思维的感觉动物。压制情绪会对我们的身心健康造成伤害，情绪受到压制，往往会刺激和恶化我们的左脑压力反应，因而我们就不可能放松、获得内心和平。

理性的、认知性的角色1重视自我控制，这固然是一件好事，但如果我们忽视自己的情绪或认为自己的感受不合理，这些情绪就会像堵塞的排水管那样，以某种方式发生"渗漏"。如果我们角色2的情绪痛苦未被倾听或认可，就会表现为身体疾病。因此，握着保持我们身心健康的钥匙的，往往是我们的情绪角色2。

角色 2 让我们直面内心的情绪

了解我们的角色 2，学会让参加"对话"的其他角色滋养角色 2，这是我们获得健康的途径。我喜欢将角色 2 想成我们的超级英雄，因为他们是如此强大，愿意走出已知领域，远离熟悉之物，远离与无限存在、宇宙意识——你怎么称呼都行——之间的联系，作为分离的个体存在于全新的意识领域。我们的角色 2 牺牲自己的内心和平，让我们得以进化。

角色 2 的这种意愿，是我们能够线性处理信息的关键所在。我们可以将时间分解为过去、现在和未来，如此，我们就获得了新的意识层面，它能够显示外部世界的秩序，而这种秩序是由我们的角色 1 进行精妙控制和改进的。我们的角色 2 走出当下的极致愉悦状态，直面外部世界中的各种威胁和"怪兽"，包括时刻潜藏在我们意识中令人难受的死亡、痛苦或患病的可能性。

这个无所畏惧的角色 2 以其知道的唯一方式直面我们内心深处的恐惧，发出危险警报。他们会痛哭、抱怨、欺骗、谋划、自我憎恨、妒忌、愤怒、内疚、羞愧，并以各种行为表达出来，以便引起我们的注意。我们情绪系统的细胞网络永远不会成熟，因此，无论年龄大小，我们左右脑的情绪角色 2 和角色 3 都会耍小孩子脾气。

我们的角色 2 走出当下的极致愉悦状态，直面外部世界中的各种威胁和"怪兽"。

此外，我们两个情绪脑的细胞体生来就已"就位"并连接好回路。

我们天生就会表达自己的情绪，我们的思维细胞则不然。虽然我们两个思维角色的细胞体生来就"就位"于多达六层的皮质里，但这些细胞数年后才会相互连接。正因为如此，我们必须营造丰富的环境，有意识地对儿童的大脑进行早期刺激。

我们情绪角色2的首要工作，是过滤眼前的危险，同时帮助我们集中注意力。这些细胞的作用方式，是先比较，然后将我们的注意力导向我们想要的东西，排斥我们不想要的东西。在细胞层面，我们人脑的力量在于抑制自动回路并觉察我们想要运行哪些回路、哪些回路会分散我们的注意力。

例如，假设我们大脑里跳动着上百万种想法和情绪。我们的角色2能够抑制并本能地阻断信息，从而自动汇聚我们的注意力。角色2这种推开事物并说"不"的本能与能力，以及因为牺牲与宇宙极乐意识的联系而经常的不满，就为我们预设了失望或忧伤的根源。我们的角色2选择生活于外部世界的幻象中，因而我们失去了那种永恒联系的感觉，我们很多人终生都在努力重拾那种感觉。

我们的意识要关注外部世界，就必须付出代价：过着有怀疑和不满的角色2的生活。与此同时，我们的角色2也是我们最深刻的情绪的来源。我们能感受强烈的孤独，我们会深陷悲伤，我们的深爱超乎想象。伤害、仇恨、嫉妒、愤怒等情绪体验，非常强烈也非常"美味"。

我常说，我不担心人们感到痛苦，只是希望他们不要忘了享受痛苦。我们大脑制造痛苦体验的能力，简直是一种艺术。我们都会受伤害，能够体验真正的痛苦情绪，是美妙生活的一部分。如果因为痛苦回路运行时间过长，而认为痛苦就是我们的现实而没有意识到痛苦只是一组细胞在运行回路，那我们就会陷入麻烦。我感受痛苦，但我不是痛苦本身。

很多神经学研究都支持这样的观点：左脑是我们的快乐来源，对此我完全赞同。不过我想指出的是，快乐不等于愉悦。虽然快乐和愉悦都是积极情绪，但两者在生理学和神经解剖学上是截然不同的。正如很多人指出，愉悦是一种由内而外的情绪。当我们与自己是谁、为何是谁、如何是谁达成和解时，我们就会感到愉悦，而快乐则取决于外在的东西、人、地方、想法和事件。快乐体验取决于外部环境，因而快乐或不快情绪的回路来自我们的角色2。真正的愉悦情绪来自我们的角色3，这一点我们将在后文中展开讨论。

角色2被触发后，由于这是我们压力回路的一部分，我们很多人往往会感觉焦虑、恐惧或情绪痛苦。我们无法控制和有意识地选择运行角色2，相反，他们会直冲而入，近乎粗暴地接管我们的意识。角色2一旦冲进我们的心里，我们就需要有计划地进入其他角色。这正是大脑四个角色对话的绝佳时机。要学会支持和控制角色2，这是我们成功管理情绪反应的钥匙。

谁不曾暗自希望除去大脑角色2，远离源自过去的情绪痛苦？谁不曾有寻求专业人士的心理辅导或治疗、修复、管理或分析自己为何如此的想法？最重要的是，我们要怎样做才能恢复健康？意识到自己陷入角色2的情绪反应时，我们能采取什么策略来拯救自己？这是一个价值十亿美元，有着数十亿美元产业支撑的问题。

角色2在情绪层面把我牢牢锚定在外部世界，没有了她的存在，我的自我消失了，我所有的身份内容也随之消失。自此，我不再是一个与宇宙流分离的个体存在，我对自己的生活一无所知。有趣的是，我的母亲甚至失去了她的"母权"，因为我不知道她是谁，也不知道什么是母亲。我无法用任何语言描述外部世界的任何事物或事物的任何特征，因而我无法抽象思考。我变成了一个有着女人身体的婴儿。

接受大脑手术后，我确实恢复了情绪体验能力，但我必须重新学习如何描述自己的体验和感觉。我还记得自己描述过胸部疼痛的感觉：心跳加速，下巴痉挛，脖子后面的头发竖立，双手捏成拳头，汗水直冒。

我感觉自己像是狂躁不安、走来走去的野兽，我想袭击、撕咬、全力攻击。我的母亲给我这些反应贴上了"愤怒"标签，从此以后，我就能觉察到我的愤怒回路被触发的时刻。

我简直无法理解：我感觉我体内的愤怒是那么粗暴、有害健康，为什么还有人选择连通愤怒回路并任由其运行？通过留意触发愤怒的早期迹象，我意识到：我能够控制愤怒并在它发作之前彻底关闭它。不过，随着时间的推移，随着我的角色2逐渐康复，我意识到，愤怒回路被触发后，该神经回路运行的时间不会超过90秒，然后就会完全消散。

角色 2 如何面对这个世界

我已经描述了我们角色2的诸多特征，如果你熟悉荣格提出的"阴影"原型，那你就能识别两者之间的许多共同之处。"阴影"通常被描述为我们角色的未知阴暗面，而我们的角色2通常体现为我们无意识左脑令人讨厌的、最痛苦的部分。我们大脑的这个角色只对外部世界做出情绪反应，不会为其行为承担责任。他们被源自过去的痛苦遮蔽，因而容易牺牲其未来。

如果你熟悉约翰·鲍尔比的"依恋理论"（用于分析儿童同其主要养育者分离后所出现的焦虑和悲伤反应），你会注意到，这些负面情绪很多都来源于我们的角色2。我们每个人都连接有独特的积极情绪回路和消极情绪回路，但这些回路的运行频率会受先天和后天因素的影响。

角色2从我的大脑中消失后，我感到一种强烈的放松与和平。我的角色2体现了一辈子的痛苦情绪，她被中风"消灭"是一件大幸事。但我最终还是未能摆脱她，因为我恢复了情绪感受能力。事实证明，重新上线的角色2还是以前那样粗野无礼。不过，整体而言，能够重新体验情绪对我来说也是一种安慰，因为它们不但可以增加生命的厚度，还可以拓展个人成长的边界。

不管怎样看，我完全有理由对自己中风后的处境感到难过或绝望，但我的右脑却只感恩自己还活着。虽然我已经从哈佛大学的阶梯（这可是通往我终生为之努力的事业塔尖的阶梯）上完全跌落下来，但我并没有感到难堪或羞愧。此外，我只有右脑意识在运行，因此我无法理解自我憎恨、内疚、孤独等概念。我一点儿也不沮丧，那天我并没有死去，这意味着我还有第二次生命。

我称呼我的角色2为"阿比"。我猜，我最初的童年创伤源自某种被抛弃感，其原因很简单：我出生时立刻和母亲的子宫分离。不管有谁将那个画面描绘得多么浪漫，从生理学上讲，我突然离开了温暖的液体环境，在那里，我的声音、光线和触摸感觉都被弱化。我离开了感觉自己像是母亲心跳一部分的液体世界，进入这个充满探索、刺激和过载感的冰冷世界，我的存在自然就发生了转变，我的整个灵魂都在痛哭尖叫。欢迎来到这个世界，小阿比！

出于保护，我们的角色2会对让我们感到痛苦、危险、糟糕或对错误的事物加以情绪过滤并借此运行我们所有的经历，因此，他们非常悲观，看见的都是"半空的玻璃杯子"。此外，我们的角色2也很在意稀缺性，对每个人来说，金钱、爱、物品或食物永远都不够多。因此，我们大脑的这个角色专注于确保自己获得公平的对待，在这种狭隘的思维里，我们的角色2不停地渴望更多，永远不会感到满意和满足。角色2可以感受快乐，但这种快乐是基于外部条件的，而且和其他所有情绪一样短暂。

只要有人辜负了我们，我们的角色2就会变得愤愤不平、心怀怨恨或仇恨；我们变得寡言少语、谨小慎微，以保护自己不再受到伤害。我们还擅长报复和诽谤。由于这种自我诱导的疏离，我们的角色2感觉世界充满恐惧、死亡和威胁。如果是这种情况，我们就得记住：这是因为我们的一组细胞牺牲了与宇宙流的连接，因此，趁角色2把愤怒引爆于外部世界或内爆为疾病之前，我们就要理解他们与生俱来的价值观，帮助他们恢复健康。

我知道，当我感觉自己不被赏识、被人轻视、不被需要或没有价值，此时就是我的小阿比出现之时。我也知道，无论什么时候，只要感觉自己被压制、被迫害或被嫉妒，我就陷入了自己的角色2。如果阿比感觉极度焦虑，像高压锅一样会随时爆发，那她就一点儿也不漂亮，因为我会变得不耐烦、好争论。可以预料的是，如果阿比不快乐，她也不会希望我快乐。

如果有谁盛气凌人、寻求报复、寻衅好斗、言语讽刺或故意挑衅，你就知道你面对的是他的角色2。我们的这个角色自私自利，只关心自己，自以为是，自我吹嘘，甚至会操控情绪。我们可以将角色2描述为：自恋、浮夸、自负、自以为是、以自我为中心。在糟糕的日子里，我们大脑的这个角色会疯狂地贬低他人，恶语相向，以牙还牙地争吵。他们吹毛求疵、不宽容种族或宗教差异、居心叵测、刻薄甚至冷酷。然而，我们大脑的这个角色不会为任何事情承担任何责任。他们的魅力浮于表面，他们对你的爱是有条件的：你必须受其控制并满足其需求。他们高傲，因而常常不尊重权威，行事仿佛可以凌驾于法律之上。

在诚实方面，我们的角色2并不是我们最高尚的自我。他们诡计多端，精于欺骗，绝对会当面撒谎，肆无忌惮地骗钱。可以想象，他们肯定会在竞争中耍手段和欺骗。我们的角色2是推卸责任的艺术大师，在别人眼中显得幼稚、天真、不诚实、粗俗。

尽管角色2具有上述的种种负面特征，但我们要记住：他们有这些行为，根本原因是痛苦和恐惧。我在前面提到，我们每个人来到这个世界，都没有携带如何正确行事的手册。要治愈这个角色，我们必须在他们出现时就识别他们，无条件地爱他们，让我们的其他角色倾听他们的需求，让他们确信自己是有价值的、安全的。这就是四个角色团队的力量，也是大脑角色对话的目的。当我们的角色2认为自己是受尊重、有价值的大脑团队成员时，他们就会感觉受到支持，他们的情绪反应就会随着对话而逐渐减弱。此外，这些激烈的情绪全都是细胞运行回路的结果，只要明白这一点，我们就可以采取策略，有目的、有意识地选择远离痛苦，消解他们的能量。

角色2如何应对工作与生活

正如我们借助两个真实的生活场景对角色1进行了探讨，现在，我们也让角色2踏上这个冒险之旅。

角色2的"职场表现"：不信任合作者

不管是角色2领导还是角色2员工，角色2都具有某些可预测的共同倾向。首先，角色2天生就不信任他人的动力，因此，角色2领导不信任员工的动力，角色2员工也不信任领导的动力。因此，角色2领导会铁腕领导下属，做出硬性要求，通过威胁强迫员工按时完成生产任务。

虽然这听上去与"硬角色1"的领导风格（如果我们失败，天就会塌下来）有些相似，但是我们角色 2 的领导风格是天正在塌下来：因此，马上去做，否则我们都得完蛋，就算你不完蛋，我也不会让你好受。感到压力或被外部力量逼到墙角时，"硬角色 1" 领导会陷入角色 2 的霸道心态。不管是竞争还是外部审计，只要事情不受其控制，角色 1 就会转为角色 2 的 "大发脾气" 领导风格。

面对压力，"软角色 1" 领导会转为 "硬角色 1" 领导；面对最糟糕的情况，"硬角色 1" 领导又会转为角色 2 领导。当你在公司里看见某个角色 2 时，他往往看上去焦虑不安、衣着邋遢，仿佛那衣服让他浑身难受。

作为员工，我们的角色 2 会滥用力量，过度死板，即使明显有简单的解决办法，也不愿合理通融。角色 2 把事情搞得一团糟，因为他们拒绝做出理性决定，哪怕是形势所迫或即将失败。明显应该破例打破规则的时候，角色 2 员工也不会改变规则。此外，角色 2 员工还会把事情个人化，因此，对于任何建设性批评，他们都感觉是在辱骂自己，因而会降低对他人可能存在的好感。

角色 2 领导经常做出短视的决定，这些决定如果不尽早修正，就会让长期计划脱轨。角色 2 员工不能同时处理两件以上的事情，否则就会 "自动关机"，感觉超负荷或精疲力竭。角色 2 通常是完美主义者，但为了赶进度或完成工作，他们会跳过步骤。

我们的角色 2 在事实面前会自欺欺人，短视思维带来的后果以及面对跳过计划步骤所产生的后果，会把他们吓得无法动弹。角色 2 会自欺欺人，同样，他们也会向上司隐瞒事实，以便将伤害降到最低。

角色 2 在休闲时的表现：过度担忧

在海滩上，角色 2 会担心沙子，因为到处都是沙子。我毛巾里有沙子、脚趾缝里有沙子，泳衣里有沙子，就连头发里都有沙子。此外，海水里有我看不见的什么东西吗？它会咬伤我或刺痛我吗？这里阴森森的，有股咸味儿，到处是虫子，我坐立不安，因为我感觉不安全。

角色 2 会想起自己曾经听过的最恐怖的海滩故事，并把这些故事带到当下，且觉得它们真的会发生。有大白鲨吗？我们的角色 2 会闻到腐烂海藻的臭味，忍不住注意别人随意扔下的丑陋垃圾。贝壳不够多，也不够漂亮，那些碎裂的贝壳很锋利，硌得我脚疼。我总是担心自己的物品，掏耳朵里的沙子时都会小心翼翼，生怕弄花了我的手表。

我们的角色 2 在未知环境里无法放松，因而会尽量减少自己无法控制的变量。准备去海滩时，角色 2 会担心下雨或晒伤。我能找到理想的位置吗？旁边的音乐太吵，那股雪茄味让人作呕！我担心自己穿的衣服不好看，担心海风太大或者太小，无法让我在烈日下保持凉爽。那边的那些孩子总是尖叫，我听不见海浪的声音。汗水刺得我眼疼，那条死鱼发出恶臭，还招苍蝇，海水里还有泡沫。真是恶心！这个地方糟透了，好无聊，今天可能连海豚都看不到，所以，我们什么时候回家？

角色 2 尽量不引起他人注意，对自己的外表很挑剔，因此，他们会穿颜色暗淡的衣服，披上披风。他们感到紧张，无法放松，甚至显得有些不整洁；他们坐立不安，不停地玩弄自己的东西。角色 2 更喜欢做活动的旁观者，不喜欢参与其中，因此，我猜角色 2 肯定不会去打排球或跳舞。他们确实喜欢观察别人，喜欢取笑他人或挑他人的刺；由于"同病相怜"，角色 2 会邀请其他角色 2 同行。

不满情绪太多，角色 2 却几乎没有自知之明。他们全神贯注于自己的痛苦和恐惧，对于压力源，除了明显非黑即白的解决办法，他们很难想到其他的。我们的角色 2 回路全力运行时，会强大得压垮其他角色回路，然后感到孤立和孤独。角色 2 没有意识到其他角色会给予帮助，因而不会向内求助，而是向外求助他人寻求"救赎"。

我们的角色 2 会担忧、抱怨、评判甚至自我贬低，他们始终没有意识到自己在向他人表露焦虑和紧张。这肯定是有问题的，因为一个角色2虽然很吸引其他的角色2，但我们的其他人往往会避而远之，不再邀请他同行。遗憾的是，这种拒绝只会强化角色2的负面心态，使他们获得更多证据支持自己的负面心态。

角色 2 "快照"

- 愤怒／谩骂：如果我感到烦乱，忍不住骂脏话，那就是我的角色2在主导我的大脑，而且已经失控。此时，明智的做法是按下暂停键，给自己90秒钟，召集大脑角色对话。

- 欺骗：如果我的角色2决定说谎，就会告诉右脑要注意语气或面部表情，不要露馅儿。此刻，我的右脑要么合作，要么出卖我。

- 感到内疚：如果没有寄出慰问卡，或者没有帮助老奶奶过马路，我因此而感到难受，那就是我的角色2在线。

- 内化羞耻：如果我感觉自己不够好，不值得被爱，那就是我的角色2处于主导状态。要记住：大脑角色对话只在一念之遥。

- 爱有条件：只有人们做我希望他们做的事情，我才会慷慨地给予爱，这就是我的角色2有条件的爱。

- 负面自我评价：如果脑海里有个声音在说，我们不配拥有生活给予的所有欢乐和美好，这个声音就是我们的角色2。这个声音对我们非常挑剔，爱说些自我贬低的话，而且，他们说话的时候，往往声音最大，会压过所有其他角色的声音。

- 焦虑不安：我感到非常烦躁，担心某件事情会发生，我感觉浑身难受。

- 抱怨：角色2，求求你，不要这样，请你停下来。拥抱一下？

- 自我中心：对我的角色2来说，我们是宇宙的中心，只有我们的需求才重要，因为我们最重要。（大家都知道，难道你不知道吗？）

- 责怪他人：我不快乐，我破产了，我失业了……这些全都是你的错。

角色笔记：识别你的情绪左脑角色

下面，我们来探索有关角色2的问题。

同样，如果你想暂时跳过这些问题，那就随意吧，继续阅读。

1. 你认得自己的角色2吗？稍停片刻，想象自己正在做角色2的那些行为。想象自己感到愤恨、嫉妒或其他核心情绪问题。很多情绪都会假扮为愤怒。你有办法让这个回路平静下来吗？你的角色2经常无情地渗入你的生活吗？

我非常了解我的小阿比。她不会经常表现出敌意，因为我的其他角色为了保护我设置了很多"路障"，但如果你执意要

"摸老虎屁股"，她就会跳出来咬伤你。愤怒是对痛苦做出的强烈反应，而痛苦有着诸多的潜在来源，它们是我过往受到的伤害，因此，有时候我会选择缅怀那些我挚爱却再也无法拥抱的人，否则，阿比就会运行那些过往的故事情节，上演那些习惯性的战争。阿比不是难懂，而是复杂，而且可以预测。她只是我可爱而脆弱的部分。你了解自己的脆弱面吗？

2. 角色 2 给你什么样的身体感受？你经常感到愤怒、焦虑或恐慌吗？角色 2 上线时，你如何保持体态或改变声音？这种烦乱给你什么样的感觉？

只要阿比控制了我的意识，我就能觉察到她。为了保护我，她会提高嗓门，声音有力；她感觉受到威胁，我就会全身颤抖。我呼吸急促，感觉胸口发紧。我仿佛是潜行觅食的动物，非常警觉、动作敏捷，整个人都显得非常难受。

显然，我这个受伤的角色是无辜的孩子，她在用工具保护自己（以及我的其他角色）。我很清楚，只要觉察到阿比闯入我的意识，我就得立即召集四个角色参加对话，满足她的需求。这个工具对我很有效，可以让阿比感到安全、被倾听、有价值和舒服，然后她会平静下来。

3. 我前面提到过，角色 2 反映的是荣格"阴影"原型，顾名思义，就是我们大脑最原始的那个部分。角色 2 是我们无意识大脑的一部分，可能不为我们的角色 1 意识所知，也可能被他们完全拒之门外。如果你总是隐藏自己的情绪，可能就根本无法认出自己的角色 2。

一般而言，识别自己的这个角色，识别他人的这个角色，对我们大多数人来说并没有什么困难。但如果你无法与自己的角色2保持联系,我建议你和身边人谈谈,看看他们能否给你一些见解。对我们少数人而言,角色2是我们的主导角色,因而我们会时常忧心忡忡,不停抱怨,感觉这个世界充满危险。如果事实证明角色2就是你的主导角色,如果你想体验更多的愉悦,那有益的做法,是了解你的其他角色并给予他们空间。因此,训练你的四个角色参加对话,就可以帮助他们意识到自己是重要的团队成员。

如果无法识别自己的角色2,你会感觉自己是环境的受害者或者需求无法得到满足吗?想想,谁让你展现出最好或最坏的一面?你在生活中会同某人争吵吗?有人欺负你,故意让你难受吗?你难受时会向谁发火?有谁总是激怒你?你会为政治问题生气吗?和来自世界其他地方的人在一起,你会感觉不安全吗?你会忧心忡忡吗?

我们的角色2天生就对不同于我们的人存在偏见。同那些有着相同想法和感受的人相处,我们才会感觉安全。和他人组队为同一支球队加油,给同一个公益组织捐款,投票给同一个领导,我们的角色2就会感觉安全。对角色2来说,感觉熟悉的东西,才会带来安全感。

我们的角色2也是我们最深刻、最"美味"的痛苦。他们是我们对爱的渴望,是我们最深处的悲痛和哀伤。我们的角色2会运行各种消极情绪和积极情绪。我们很幸运,因为角色2的这种能力,我们的生活才变得丰富和微妙。

越意识到角色2的存在及其表达自我的古怪方式,我们的其他角色就越容易成功管理其需求。我想,我们大多数人都想了解如何倾听和满足角色2的需求,以免他们破坏我们的人际关系，扰乱我们的内心愉悦。角色2常常会瞬间地、强烈地爆发于我们的生活舞台，导致胃肠不适、眉头紧皱、体态僵硬、语气咄咄逼人。我们的角色2可能胆子大、嗓门大、刻薄和尖酸，也可能自我憎恶、沉默寡言、自怜自艾、被动攻击、笨拙不堪，等等。

不管你发现自己的角色2是什么样的，我们大脑的这个角色都代表着个人成长的前沿。想要与自己、与他人和平相处，我们就必须掌控与我们的角色2的关系。我发现，爱我们的角色2，保持内心和平的最好方式，是召集我们的四个角色对话。

4. 假设你能识别自己的角色2，那你重视这个角色吗？你大脑的这个角色让你感到害怕吗？你有多少时间以及在何种情况下让这个角色主导你的生活？

我学会了重视这个角色，她是我内心的警报、最深刻的情绪以及成长的潜能。每当我大脑的这个角色失控时，就意味着有什么东西让我内心深处感觉不安全。当我愿意探索自己情绪反应的核心问题所在时，我就能获得见解，更好地理解自己的恐惧和弱点。幸运的是，我的其他角色知道如何安抚小阿比，尤其是她因为饥饿、疲劳或血糖下降而出现的时候。让我的四个角色替我掌管这个角色的最佳方法，莫过于发起大脑角色对话。

5. 想起你的角色2，你能为他取一个合适的名字吗？

正如我前面提到，我给我的角色2取名为"阿比"，原因是我相信我最初的创伤来源于我离开母亲子宫所产生的被抛弃感。我们都是个体，在身体层面与整体分离，因此，我们都会有强烈的孤独感和分离感。因为不再彼此紧密相连，能够感受内心深处的悲伤和痛苦，我们的情绪细胞和回路才让我们的生活变得丰富而痛苦。你得为你的角色2取一个既个人化又有意义的名字。

6. 在你的人生经历中，哪些人的角色2对你产生过消极或积极的影响？这些人际关系是激励过你还是压制过你？

毫无疑问，我拥有的最牢固、最长久的角色2关系，是我那个最终被诊断为精神分裂症患者的哥哥。我俩在吵闹中度过了青少年时期，作为青少年的我有意识地选择将我的愤怒和痛苦导向这种精神疾病。我与我哥哥的角色2的这种关系、我深爱的哥哥被这种神秘疾病剥夺了情绪，这些都激励我积极地做出贡献，帮助那些精神疾病患者。学到这些教训很艰难，但如果不是因为我哥哥的疾病和他的角色2，就不会有今天的我。

7. 你一生中谁欣赏、关心、认同你的角色2并喜欢和他相处？这些关系是怎么样的？

阿比是我童年时期的痛苦，她喜欢经常和其他角色2待在一起，长时间地呻吟和抱怨，通常是就着比萨。最喜欢我小阿比的，莫过于我的母亲，因为她知道让我放声大笑、让阿比立刻感到舒服的神秘配方。我和母亲都为我哥哥的脑部疾病感到非常痛苦，我们共同肩负起送他进出医院和监狱的重担。在最需要安慰和绝望的时刻，我俩的角色2相互支撑。

通过和母亲相处的这段经历，我意识到，每当我的小阿比寻求母亲的支持时，她马上就转为她的角色2，倾听我、支持我、滋养我。接着，她会说些好笑的事情，逗得我捧腹大笑，让我转为我的角色 3。通过观察母亲和阿比如何成功相处，我学会了如何调动我的角色 4 和其他角色高效地安抚我痛苦的角色 2。母亲于几年前去世，从此，只要感觉有需要，我就会发起大脑角色对话，然后很快就从中获得了支持、友情与内心和平。当然，除非是我想吃比萨。

总的说来，我这辈子很幸运，我有亲密的朋友，他们都很友爱、宽容。如果阿比突然出现，显得不友好或感觉受到威胁，他们知道如何为她保留空间。有一天，我和一位朋友在电话里聊天，她说，如果我心情不好，可以出去聚聚。就是这句话，让我意识到我的阿比上线了，于是我马上切换为"海伦"。学会如何安全、友好地支持彼此的角色 2，这是我们在需要之时给予彼此的宝贵礼物。学会温和地鼓励对方发起角色对话，这是我们和所爱之人分享的美妙语言。

8. 在你的生活中，谁和你的角色 2 合不来？

两个角色 2 之间的战争，永远无法解决。这句话应该写下来张贴在家里和办公室，而且应该在社交媒体上广泛传播。下次你和某人争吵或有人同你争吵时，请想想这句话。如果你感觉不快，准备发起攻击时，请留意对方处于什么角色。还要留意你的角色 2 如何发威破坏了他的情绪（也可能是整个人际关系）。

两个角色 2 之间的冲突要得到解决、获得修复或达成和解，一方就必须愿意脱离角色 2。观察人们在冲突中的互动方式非常有趣。一旦你留意并学会管理你角色 2 的情绪反应，你和他人的交流就会变得更加融洽。

9. 你的角色 2 是什么样的父母、伴侣或朋友？

小阿比是一个孩子，任何人想要对她的情绪痛苦（不满、愤怒或不成熟的角色 2）给予父母式的教导，都不会促进健康的关系。作为伴侣，如果你总是运行你的角色 2，就会陷入痛苦回路，有条件地爱你的伴侣。因此，你的伴侣可能会脱离联系或情感枯竭。

友谊也是如此。交谈中，如果你总是带着角色 2（不管是痛苦还是怨恨），就需要检查这些关系更深层次的互动方式。最能伤害、争吵、报复、责怪、苛求或挑剔他人的，莫过于我们的角色 2。如果你感觉自己在关系中不被重视，如果你感觉自己的需求未被满足，就要考虑让四个角色进行对话，认真想想你的哪个角色能安抚你、如何安抚你。

10. 我不想太过超前，但我们要想想：你的大脑角色 2 和其他角色之间的关系是什么样的？你的角色 2 尊重并重视其他角色，还是喜欢反对和对抗他们？

多年来，我一直在训练我的四个角色基于其独特的技能同阿比建立健康的关系。因此，我的角色 2 知道她在需要之时可以依赖这些关系，因为我的四个角色会高效地进行对话。真希望她们在我的角色 2 需要之前就进行对话。

你的方式可能和我的有些不同，不过，只要愿意进行角色对话，你最终也会获得内心和平。对我来说，当阿比感到心烦意乱时，我的角色 1 就会立即插手，确保她的人身安全；如果是迫在眉睫的问题，海伦就会负责处理。海伦在处理问题的时候，我的角色 4 会友爱地靠过来拥抱阿比。我的四个角色都意识到：阿比只是一个痛苦的、被吓坏的小姑娘。

我的角色 4 支持阿比的方式，是倾听。我要让阿比知道，她不但被重视，也被爱。更重要的是，我的角色 4 清楚地告诉阿比，她并不孤单，我的其他角色都支持她，特别是在她最黑暗的时刻。阿比知道自己被角色 4 支持、拥抱和倾听，并且意识到角色 1 在处理这个问题，就会稍微平静下来，此时，我的角色 3 就会上线，邀请她出去玩耍。角色 3 富有活力和创造力、足智多谋，因此，让她帮助角色 2 摆脱痛苦，这常常是不错的主意。相信我，即使是最严重的创伤，我们的四个角色也能应付；大脑角色对话可以帮助我们过上最美好的生活。

小测试：了解你的角色 2

1. 你认得自己的角色 2 吗？稍停片刻，想象自己正在做角色 2 的哪些行为。想象自己感到愤恨、嫉妒或其他的核心情绪问题。很多情绪都会假扮为愤怒。你有办法让这个回路平静下来吗？你的角色 2 会经常无情地渗入你的生活吗？

_____

_____

2. 角色 2 给你什么样的身体感觉？你经常感到愤怒、焦虑或恐慌吗？角色 2 上线时，你如何保持体态或改变声音？这种烦乱给你什么样的感觉？

_____

_____

3. 我前面提到过，角色 2 反映的是荣格"阴影"原型，顾名思义，就是我们大脑最原始的那个部分。角色 2 是我们无意识大脑的一部分，可能不为我们的角色 1 所知，也可能被他们完全拒之门外。如果你总是隐藏自己的情绪，可能就根本无法认出自己的角色 2。

_____

_____

4. 假设你可以识别自己的角色 2，那你重视这个角色吗？你大脑的这个角色让你感到害怕吗？你有多少时间以及在何种情况下让这个角色主导你的生活呢？

_____

_____

5. 对于你的角色 2，你能为他取一个合适的名字吗？

_____

_____

6. 在你的人生经历中，哪些人的角色 2 对你产生过消极或积极的影响？这些人际关系是激励过你还是压制过你？

_____

_____

7. 你一生中谁欣赏、关心、认同你的角色 2 并喜欢和他相处？这些关系是怎么样的？

_____

_____

8. 在你的生活中，谁和你的角色 2 合不来？

_____

_____

9. 你的角色 2 是什么样的父母、伴侣或朋友？

_____

_____

10. 我不想太超前，但我们要想想：你的大脑角色 2 和其他角色之间的关系是什么样的？你的角色 2 尊重并重视其他角色，还是喜欢反对和对抗他们？

_____

_____

6

角色 3：情绪右脑

我们是宇宙的生命力，
拥有灵巧的双手和认知的左右脑。

我们在前文中提到，在最基础的层面上，我们的角色 2 会引入当下信息，然后与过往威胁相比较，以此确定我们当下的安全程度。而我们的角色 3 对当下威胁的评估，则完全基于当下正在处理的信息。因此，我们的角色 3 为应对当下威胁贡献出了关键而独特的技能。在角色 3 的理解中，万物相连且处于流动状态，因此，他们可以让我们宏观地鸟瞰当下威胁，不管这威胁是来自我们周围的人，还是来自环境。

　　至于评估我们在他人面前时的安全度，我们的角色 3 可以敏锐地探查到真相。他们阅读身体语言，匹配以面部表情，然后解读语气和语调变化所传达出的情绪信号。如果这些拼图能拼接完好，我们就将这个人的行为解读为真实；如果拼图不能拼接完好——比如，某人示爱时身体姿态显得不够坦诚——我们就会质疑他说话的真实性。

　　有些人是欺骗艺术大师，可以有意识地操控自己如何被解读。他们躲在别人的右脑"雷达"之下。经过训练，我们也能够做到，但要成为出色的撒谎者，我们的左脑必须动员右脑才能实现欺骗。我们的右脑负责保持正确体态，不让我们的嘴巴和眼睛泄露了谎言，同时传达恰当的声音信号。如果我们的右脑出于某种原因拒绝成为左脑欺骗的同谋，那就等着谎言露馅儿和承担后果吧。

我们的角色 3 会根据经历的熟悉程度解读我们周围环境的整体安全水平。我们的右脑随时都在评估我们所处的大环境，随时都在评估——尽管可能是在意识背景中默默评估——逃跑路线，以防陷入困境。不过，我们的角色 1 有时会加以干预，无视右脑这些自我保护的感觉。虽然我们的右脑会发出危险警报，但如果我们选择听从角色 1 更响亮的理性声音，我们就会无意中陷入麻烦。关于这个问题，请阅读加文·贝克尔的精彩著作《恐惧给你的礼物》。

什么让我们沉浸于当下

从感性的角度看，那次中风消灭了我的左脑细胞后，我的整个世界都变得颠倒混乱。我的左脑技能不再对抗右脑的体验，因此，我无法定义自己的身体边界，不知它从哪里开始，到哪里结束。构成我身体的分子和原子，与组成周围万物的分子和原子，两者没有任何分离，因此，我感觉自己不再是个体。由于这种融合，我感觉自己是流体而非固体，处于永恒运动和变化的状态中。没有了身体边界，我变得无边无际。我感觉自己不但在自由流动，还同宇宙一样辽阔宏大。

想一想，这对你而言意味着什么。你的左脑角色 1 和左脑角色 2 的压制力量随时都存在，你的右脑角色也随时都存在并处于开启状态。将关注的焦点从过去或未来移开，专注于当下的感受，这是一种技能。这样做，我们的生活细节就会慢慢消失，而我们的当下体验也会不断地延展。

我的左脑掉线后，我失去了所有的单词和言语，包括存储着我所有生活细节的大脑档案。因此，我没有任何身份，对自己一无所知。虽然我仍有自我意识，但此前的那个我以及我的好恶都不再存在。不过，即使我左脑自我丢失了，我仍然是有意识的活人。我只是无法再用单词进行交流。单词变成了毫无意义的单纯的声音。这种体验是我"英雄之旅"的第一步，我放下自我（我的个体性）之剑，进入我的无意识右脑领域。

你有过这些经历吗？因为太恐惧、激动或震惊而说不出话来；时间似乎慢了下来；你在陌生的地方醒来，一时忘记了自己身在何处。在这样的时刻，我们有意识，但我们的左脑与所有的背景和现实信息短暂断连。有时候，我们是被迫进入当下的，那并非我们的选择。有时候，我们可以主动选择进入当下。

要进入当下，我们只需按下暂停键，停下我们正在做、思考或感受的一切，有意识地将注意力引入触感、视觉、嗅觉等当下的感官体验。这并不难做到，只要我们愿意脱离我们的生活细节，将焦点转向生活给你的感觉，不是感受情绪，而是感受体验。你知道阳光温暖地亲吻脸庞的那种感觉，也知道喷气式飞机从头顶飞过时的那种震动感。我的角色3上线后体验到的就是这种感觉。我不会触碰太多的情绪，因为情绪更多的是属于我角色2的领域的东西。不管是在水中游泳还是挥拍打网球，我的角色3都只专注于当下的感官体验。

有时候，我们是被迫进入当下的，那并非我们的选择。
有时候，我们可以主动选择进入当下。

当我为一切（不管是我的生活、境遇还是他人的友谊）都心怀感恩时，我就知道自己处于右脑领域。不过，愉悦是角色3的深层情绪，因此，想要迅速进入你的角色3，你就得专注于当下的体验：做某件有趣的事，发挥你的幽默感。越乱越好！不管什么时候，只要放声大笑，我们就会不由自主地敞开胸怀，活在当下，毫不设防，也正因如此，开怀大笑才让我们感觉很棒，有益健康。

中风后，我失去了所有的时间感知。我存在于永恒的当下。对我的大脑而言，度量线性时间的单位不再是小时、分、秒等人为分割的时段。相反，时间是流逝的瞬间：有时较短，有时较长，它的长短完全取决于我在做什么。我的左脑不再进行评判，因此，玩耍或创造变得既有意义，又令人满足。

随着身体边界意识的丧失，我无法辨别出他人是与我分离的存在。因此，我感觉我们所有人都是一个整体，是同一存在的部分。我们仿佛都被织入流动的细小分子，共同构成了人类织锦。我们不再需要语言交流，因为我们可以共情于彼此的感受，我们通过面部表情和身体语言交流。我们作为部件同整体一起流动。

这就好比我们都沉醉于此时此刻的球赛的兴奋中。我们一起坐在座位上，集体进入我们的角色3，为那些漂亮的进球或惊掉下巴的好球而喝彩。我们的集体意识不断延展，我们跳起来、击掌相庆、兴奋尖叫，甚至融为一体"制造人浪"。我们沉醉于当下，不只是我，也不只是你，而是我们这个集体的所有人，我们的能量可以掀翻体育馆的顶棚。我们共同待在这里，共享欢乐的时刻，多么美妙啊！我们投入兴奋流，我们都是集体的一部分，都穿着同样颜色的衣服。

唉，球赛这么快就结束了。真不敢相信时间已经这么晚。我好饿。

这就是我们角色3所度过的愉悦时间。

有时候，我会想到由单个细胞组成的细菌群，它们能够共享集体意识，一起努力感染和打垮宿主。即便每个细胞都是一个个体，它们可以同步协作，成为强大的人体掠夺者，尽管人体比它们大数十亿倍。组成你身体的数十万亿个细胞也是如此，每个细胞都是一个个体，有着各自的位置、形状和职责。所有这些细胞都独立完成本职工作，然后作为一个集体相互交流，构成了健康的你。

我们进入自己的右脑意识，就是我们人类作为一个物种存在和发挥功能的方式。我们都是同等重要的兄弟姐妹，共同组成了人类大家庭。个体的独特性有助于改善整个人类、提升人类的多样性和生存能力。我认为，我们的角色 3 就是卡尔·荣格的"阿尼姆斯 / 阿尼玛"原型，后者代表着男性的内在女性气质与女性的内在男性气质。荣格认为，所有人都是动态的雌雄同体，我们的这个角色是人类集体意识交流的主要来源，与性别无关。击掌相庆时，我们的性别并不重要。

我们的右脑很清楚，我们的差异性有助于提升我们的创造力和多样性，但不幸的是，我们的左脑总是对不同于我们的人做出负面评判，让我们陷入分离主义、种族主义和偏狭。事实上，我们的力量就在于我们的差异性，不在于我们的相同点。被困在荒岛上，你是希望身边的人都和你一模一样，还是希望他们拥有不同的兴趣和技能？如果我被困在荒岛，我会愉快地接受你的不同之处，我的左脑会马上扔掉优越感和负面评判，否则，你会把我扔出荒岛，或者让我自生自灭。

情绪右脑让你感受此刻的美好

我们在前文中详细讨论过，我们的角色 2 和角色 3 在解剖学上的根本差异在于：这两组情绪细胞如何处理从周边脑干细胞接收到的信息。

简单地说，我们角色2的杏仁体会立即对接收到的当下信息同过往的记忆加以比较。然后，角色2的意识会切到当下并线性地处理来自外部世界的刺激信息。因此，当我感到自责、内疚或怨恨时，我是在当下感受这些情绪，但它们与过去发生的事情有关。我的角色2回路能够感受数十种积极情绪和消极情绪，这些情绪都与过去和未来的体验有关。

同时，我们的角色3的意识来源于我们右脑的情绪组织，感受的是当下的情绪。由于我们的角色3对过往毫无感知，也永远不会和当下意识断连，因此，他们永远存在于宇宙流层面。你可以把这种意识称为造物主、当下力量、大自然、宇宙或任何符合你信仰系统的东西。我们的右脑意识处于无意识领域，永远流动于我们左脑聚焦外部世界的背景中。

这意味着，我们感觉孤独，是因为我们的左脑感知、感觉和体验到孤独。但如果我们断开与外部世界的人和物之间的连接，我们就会进入宇宙流意识并从中体验到感恩和愉悦。任何时刻，我们都能够选择聚焦哪种意识：左脑外部现实或右脑当下时刻。任何时刻都是非此即彼：我们要么专注于自己的个体性，要么让自己融入宇宙流。

当我处于我的角色3时，很多情况下，我很难用语言准确描述自己的感觉，因为我不可能用语言描述不可描述的东西。例如，观赏艺术品或聆听音乐时，我们就是在运行自己的右脑，我们感觉某个东西很漂亮。观看落日时，我们整个人都笼罩于对自我存在的敬畏感中。站在高山之巅，我们感觉自己辽阔如宇宙，又微小如尘埃。这些时刻就是整体意识，我们无法度量也无法定义，但我们隐约知道自己内心深处的感觉是什么。感受这种温暖拥抱般的神奇联系的，就是我们的角色3。

在创作方面，如果你是天生的音乐家或视觉艺术家，你就是用右脑来表达自我的。我们的角色3上线并处于主导地位时，我们就不再受令人恐惧得无法动弹的左脑评判的束缚。正是在当下，我们找到某个节拍，加入某个节奏，挑出某个旋律，然后连接到左脑的词谱，交流某个完美结合了故事、情感和感觉的信息。然而，我们创作、研究和修改歌曲的时候，我们的左脑就成为主宰，然后又由右脑实现奇妙的演唱。

我们的角色 3 上线并处于主导地位时，我们就不再受令人恐惧得无法动弹的左脑评判的束缚。

我们很多人都有通过艺术表达自我的冲动，最美妙的东西莫过于那种完全沉浸于创作流的感觉。有些人声称，他们的创作过程很苦闷，但也有某种说不出来的美妙感觉。有些人只要连通灵感，天才之作就会倾泻而出。我知道，雕刻石像时，我会完全沉浸其中，不由自主地感觉要发现和"释放"困在石头中的雕像。我们人类可以通过右脑抵达内心深处，创造性地表达自我，这是多么奇妙的能力啊！如果我们的作品能够让另一个人内心（右脑）触动，那是多么美妙的馈赠！

我们右脑的这种万物相连的替代现实，是一种真实存在的意识。然而，由于我们无法定义它、看见它、触摸它、闻到它、品尝它或听到它，这个平行的感知世界常常被我们只相信外部世界的左脑弱化、推翻和否定。正是在这个右脑能量流的领域，同步现象才常常出现。在现实世界中，同步现象被左脑视为巧合而轻易摒弃。

我们的左脑做出这个评判也情有可原：连通这个想法，会对我们左脑自我中心的个体性造成巨大威胁。我们左右脑及其独立掌控的领域都具有二元性，否认这一点，就会面临这样的问题：我们右脑世界中难以计数的东西会挑战左脑对真实的定义。就连生命存在本身，我们的左脑也无法解释清楚。必须认识到：左脑对某个事物的看法，并不能使这个事物成为真实存在的东西。

婴儿出生时，他们的大脑还无法定义身体的边界，不知从哪儿开始、到哪儿结束。因此，出生时，我们的右脑会处于主导地位，直到我们获得足够的自我信息和外界信息，确立我们是和宇宙流分离的个体。儿童常常会沉浸于自己的角色3，直到他们的左脑出现基于现实的意识，然后身体和智力逐渐发育成熟。学校会促进我们左脑的发育，尤其是随着阅读、写作和数学的引入。此外，地理、历史等课程也需要成熟的左脑才能记住千千万万的细节信息。我的角色3永远不明白，我的脑子里为什么非得塞满那些日期和细节不可。我知道去哪里找到它们，难道这还不够吗？

我8岁时问过母亲，她思考时使用的是单词还是画面。她告诉我，她是用语言思考。对当时的我而言，"用单词思考"是一个深奥的概念，因为我大脑里闪现的是画面而不是单词。长大后，我和母亲一起度假，分享小说。我问她小说里讲的是什么，她就给我讲述基本的故事情节。结果，她的大脑实际上是在读单词，只有单词，而我的大脑读完单词后会创造出故事画面。关于这个问题的探讨，我最喜欢的一部著作是坦普尔·葛兰汀的《天生不同》。

孩子们都喜欢和兴趣相投的人一起玩耍："踢球，有谁去吗？"我们的角色3在秋千上越荡越高、越高越好；在这如鸟儿翱翔般的美妙时刻，谁也不会想着明天的单词拼写测试。不分年龄大小，我们的角色3都是我们大脑喜欢身体活动的那个角色。他们也是我们大脑的"大孩子"角色，永远长不大，喜欢雨中漫步，喜欢观看体育频道当天的精彩赛事集锦。

角色 3 如何面对这个世界

我们的角色 3 就像是一只小狗，随时盯着你的一举一动，在你伸手去拿狗绳、玩具或食碗的那一刻就扑过来。我们的角色 3 是演奏家，只要作品能带给他们愉悦，震撼其心灵，他们就渴望连续数小时地练习。我们大脑的这个角色 3 看见的，是可能性而不是种种限制。万物相连，与我自己或他人相连；我不断地练习，随时调整和修正，直到我感觉它是正确的。此刻，我能做些什么来加大我的步幅或加深呼吸，从而获得更好的结果呢？

我们的角色 3 机智诙谐、妙趣横生。我们会笑得双脚跺地、气喘吁吁。和一起开怀大笑的人在一块儿，我们会放开情绪，活在当下，成为一体，感受情谊。我们一起兴奋，共享深厚的联系，我们会珍惜、谈论和美化这样的时刻。我们作为一个整体共同成长，我们因为相同点而相连，我们会忽略不同之处。

尽管我们的角色 3 非常棒，但也可能让我们陷入大麻烦。角色 3 天生就活在当下，行事冲动，不考虑行为的后果。"你刚才在想什么？"哦，我没想。我在感受，我有一种当下的体验，似乎是一个不错的想法。除非我是一个少年，大脑还没有发育完全（这得写一本全新的书），那我完全可以说，我的角色 3 天生就会打破限制、对抗权威、请求原谅而不是准许，与年龄无关。

我们的角色 3 通常不喜欢对角色 1 权威让步，虽然角色 1 非常喜欢控制角色 3。我在湖边待了很久，乌云翻滚的时候，我的角色 1 很清楚我该去躲雨。然而，我的角色 3 有自己的想法。她估计这些乌云意味着狂风暴雨，但也可能和我擦肩而过。所以，看到闪电之前，我会接着玩儿，如果开始下雨，我会去躲雨。说实话，只是在最近几个月，我才愿意让角色1负责这种安全方面的决定。在这几个月中，我只为此真正高兴过几次，我必须说：海伦，你走开。

角色3有强迫症，做事有主见，有了自己想要实现的愿景，她就很难接收任何信息输入或建议。我的角色3已经接纳了这样的心态：要想迅速做成某件事，亲自去做，要比费尽口舌告诉他人你希望怎么做更容易。角色1更擅长表达，因为她有条有理，语言能力突出。然而，角色3只顾冲上去，然后不停地做。先行动起来，探索可能性，然后再退出来，希望一切进展顺利。我上次做鸡蛋的时候想加些甘薯。我没有向大厨朋友寻求建议，而是径直冲上去，结果失败得很惨。遗憾的是，我处于这种心态时，你能做的最糟糕的事情是想办法帮助我。马克·吐温说得很对：有些事情，你只能通过猫尾巴抓住猫才能学会，别无它法。这就是我们的角色3。

角色3如何应对工作与生活

角色3在职场

大家聚在一起，我们的角色3会非常高兴，因此，无论是领导还是员工，角色3都喜欢和人面对面相见，这样他们就有事可做。角色3喜欢团队项目，不过，他们单独工作也很棒。他们会周旋于项目的不同部分，几乎不会选择从头开始或线性地工作。角色3擅长做没有清晰定义的创造性项目，他们会寻找理由使用场地和合作。

角色3不愿告诉老板项目的完成时间线，因为他们的心思都放在任务的完成上，那个讨厌的闹钟只会干扰他们的创造性表现。角色 3 会完成工作，还可能创造奇迹，但他们讨厌截止日期。老板对角色 3 做的最糟糕的事情，是要求他们制订计划，安排日程、截止日期和预算。召开董事会会议时，如果你给角色 3 一块白板和彩色马克笔，或是让他们管理会议议程，那就请求上苍保佑吧。

角色 3 在海滩

去海滩玩儿，角色 3 会兴奋得连防晒霜都忘记带。毛巾皱巴巴地裹成一团扔在沙滩上。没关系的，太阳会晒干它。他们穿着宽松、鲜艳的夏威夷衬衫和短裤，戴着不搭配的帽子，沿着海边狂奔，发出小猪般的尖叫，因为天气有点儿冷，他们也很兴奋。看看阳光透过波浪起伏的海面，在海底制造出一个艳丽而闪亮的"神经网络"。真漂亮！

角色 3 不为海滩"历险"做过多的计划，因为他们过于兴奋，满心期待着即将拥有的欢乐，无暇关注其他的任何事情。他们随手抓起衣服穿在身上，当下就蹦起最佳的舞步，一起开怀大笑。看见熟人，结交拥有相同爱好和活力的新朋友，会让他们激动不已。他们会关注彼此身上的相同点和喜欢之处。大多数时候，他们为相聚而心存感激。

对角色 3 来说，杂乱是海滩经历的组成部分。他们喜欢海滨沙滩，把它当成最佳的游乐场，因为他们是感觉动物，四周有那么多的沙粒、阳光和海风。角色 3 喜欢社交、打招呼，不只是对人打招呼，还会对飞翔的鸟儿、跑动的螃蟹之类的小生物打招呼。他们建造沙滩城堡或把朋友埋在沙子里的时候，会面带笑容邀请其他角色 3 加入其中。他们结队玩游戏、设计新游戏。他们付钱让当地人把他们的头发编成辫子并保留很长时间。

角色 3 赞美海滩上的一切，不会拿它同上次经历相比较。他们选择防晒霜，是根据它的气味或商标有多酷而不是品牌。他们很可能被晒伤，因为他们即使不嫌麻烦抹上防晒霜，也会忘记重新涂抹。没错，还有那边的那些腐烂的海藻和发臭的死鱼——多好的探索之地啊。潮水退去，那些冒泡的小洞，里面有什么生物？我们挖出来看看。

对角色 3 来说，看见海豚就是海滩最美好的一天，他们会寻找鲨鱼牙齿，然后全部送人。不管日晒或雨淋，只要能随意感受大自然，就是最棒的日子。天啊，那是最美好的时光。我们明天再去？

角色 3 "快照"

- 宽恕：我们喜欢当下与人交往，很容易宽恕别人，以便发自内心地继续交往。

- 敬畏：我们爱兴奋，当下发生的一切都会让我们兴奋，因为生活是那么令人敬畏的馈赠，每时每刻都充满着令人惊叹的可能性。

- 好玩：我们的生活散发光芒，时刻都令人兴奋。活着多么美好，我们沉迷于所有的体验，最美好的体验，莫过于与人一起玩耍。

- 共情：我们彼此紧密相连——你的痛苦和欢乐，我都能感同身受。我愿意陪在你身边，因为你的痛苦不会吓着我。我与你相连。我关心你，我爱护你。我们永远不孤单。

- 创造：我拿这个做那个东西，会做出全新的东西。太酷了。愿意帮我吗？

- 快活：我就想开怀大笑、玩耍，让肾上腺素飙升——想和我一起吗？

- 好奇：我们来探索这个，我们来试试那个，你找到头绪了吗？我想知道结果是什么。

- 品位：我会穿上我最喜欢的条纹上衣、舒适的格子裤或者最喜欢的衬衫。搭配？搭配是什么意思？

- 乐观：不管怎样，我都会陪着你，我们一起渡过难关。一切都会好起来的。无论发生什么，我都会支持你。

- 体验感：我喜欢体验各种经历带给我身体的感觉。我对生活带给我的生理反应非常敏感。我会听从胃肠反应和直觉。

角色笔记：识别你的情绪右脑角色

如果你喜欢暂时跳过下面这些问题或继续阅读，请随意。关注大脑的不同部分是很伤脑筋的，因此，等你感觉有耐心和精力后再来看看这些问题，也许是一个不错的主意。

如果你现在准备好了，那我们就来探索你的角色3。

1. 你认得你的角色3吗？请稍停片刻，想象自己是活在当下的角色3。让你的左脑转入背景，把注意力集中于此时此地，感受身边的声音、质地、场景和味道。你有多容易完成这种转换？

角色3是我的主导角色，早上刚醒来，我就处于这个角色，

122

然后根据需要有意识地转为其他角色。我一醒来就感觉心情愉悦，迫切地想知道当天的日程安排。一旦清楚安排好任务，我会穿梭于不同的事情之间，没有什么计划，但总能完成任务。未等角色1蹦出来，我又返回了日程安排。我的自动反应是进入当下的自由，除非我有理由转为其他角色。

2. 角色3给你身体什么样的感觉？你感觉心情舒畅吗？你会踮起脚站立，仿佛自己变得轻盈？你沉默寡言，不是因为无话可说，而是因为不想说？体验当下，你的角色3是什么感觉？

我的角色3是快活的可爱角色，她爱生活，也爱你们。她让我感觉身体充满活力，那活力渗入我身体的每个分子。我的角色3轻盈、健康、强壮、动作敏捷。我的这个角色欢快、奔放、单纯、无拘无束、任性、冲动，随心所欲地表达自己。

3. 如果你不认得自己的角色3，那怎么办？

如果你无法识别自己的角色3，那你就错过了表达毫无计划和时间线，并且充满无尽好奇心的自发能量。这种自我表达是对当下情绪的自然释放，可能表现为控制不住地捧腹大笑或突然暴怒。

活在当下的角色3支持活泼欢快的性格，专注于此刻的感觉和体验，没有恐惧或评判。他们不知道过去，也没有未来观念。因此，他们认为风险不是负面的东西，而只是一次伟大的冒险和美味的肾上腺素冲击。我们的角色3通过共情和他人情感相连，喜欢变化，依靠各种体验茁壮成长。

不过，你可以想象，角色3无拘无束、藐视权威，他们那种不受控制、不可预测的能量很可能让自视甚高的角色 1 发疯。在社会中，角色 1 是权威的声音，往往会讨厌角色 3 的冲动性格。因此，如果你识别不出自己的角色 3，很可能是那些左脑角色不需要他无忧无虑的欢快能量，因而他被迫顺从和沉默服从。

4. 假设你能识别自己的角色 3，你有多喜欢这个角色表达自我？你有多少时间以及在何种情况下让角色 3 掌控你的生活？

我非常喜欢角色 3 带给我身体的感觉，虽然这四个角色我都珍视，但我大部分时间是在向外界展现自己的角色 3。雕刻石头或用彩色玻璃创造奇妙的东西时，我表达的就是我的这个角色。我酷爱做各种事情，不管是吃力、流汗的脏活儿，还是骑自行车、划船、游泳或者和志趣相投的人外出游玩，我的角色 3 都会感觉健康和兴高采烈。

不管我的这个角色要做什么，都会创造性地计划当下，然后全身心地投入其中。我的角色 3 根本不会自我克制，幸运的是，当我沉浸于时间流时，我的角色 1 会密切留意她的健康。我发现，当强大的角色 3 拥有强大的角色 1 的支持，二者的合作真的很有生产力、很愉快。

5. 想到你的角色 3，你能给他取个合适的名字吗？另外，既然你更熟悉你的角色 1 和角色 2，你满意此前给他们取的名字吗？

我给我的角色 3 取名为"皮彭"。还记得查尔斯·舒尔茨的漫画《花生》中那个总爱在沙尘暴里漫步的人物吗？我的角色3也是如此。这里有她，那里有她，处处都有她，总是在当下搅起某种混乱，还感到非常开心。她不会太失控，也不会做违法之事，但肯定与我左脑更谨慎的价值观不符。

皮彭心胸开阔，情绪奔放，足智多谋，天真无邪，既脆弱又幼稚。她存在于当下，因此，如果我的左脑不理智地告诉我，我的皮彭就会因为无知而做出真正糟糕的决定。

我希望你深入内心为你的角色3寻找一个独特而贴切的名字。哪个名字符合你欢快好玩的本性呢？

6. 在你的人生经历中，哪些人的角色3对你产生过消极或积极的影响？这些角色3是激励还是压制过你的角色3？

我的父亲是强大的角色3，因此，我从小就留意这个角色的利弊。由于父亲具有不可思议的创造力，小时候，我们的万圣节服装总是最引人注目。说到音乐，他可以拿起任何管乐器，用不了20分钟，听众就会强烈要求再来一首。如你所想，父亲的角色3也有不好的一面：我的母亲承受着维持家里秩序的重担。因此，我们的地下室和车库成了令人尴尬的"灾区"，杂乱得找不到任何东西。

我意识到，我的角色3要"恣意妄为"地做项目，我的角色1就得不断地出来管理混乱、重建秩序。直到今天，我的这两个角色都保持着令人满意的关系。如果角色1不出来"工作"，混乱的秩序就会让我的角色3无法动弹、毫无生产力。

7. 在你的一生中，谁欣赏、关心、认同你的角色3并喜欢和他相处？这些关系是怎么样的？

我认为，我的大多数朋友都喜欢和皮彭玩，他们清楚相处时会面对什么。和好朋友在一起，我们就会组成富有创造力的团队。虽然皮彭做项目很有耐心，时间的使用方式多种多样，但是她要付出巨大的努力为他人的角色2留出空间，直到他们愿意融入当下的愉悦。

匹配他人的情感需求，这是皮彭的天生技能，因为角色3天生就有共情能力。皮彭具有超常的爱与共情能力，但有时候我的角色1海伦必须直接插手解决问题，我的角色4（你会在后文中认识她）也会站出来拥抱角色2受伤的心灵。

我的角色2小阿比也能和别人的角色2成为好朋友，因为生活有时候就是两个角色2相互宽容。"患难之交方为真朋友"，这句话说的就是我的四个角色。我相信，我们的首要工作是爱彼此。

8. 在你的生活中，谁和你的角色3合不来？

不快乐、总是闷闷不乐的人，肯定会让皮彭恼火。信不信由你，我有个老板曾经告诉我，我太快乐了，成不了严肃的科学家。遗憾的是，他有慢性身体疼痛，因而情绪不好。他的角色2是他每天的主导角色；角色2不快乐的时候，通常也不希望周围的人快乐。几年后，我荣获哈佛大学精神病学系"米赛尔奖"，这是该系奖励硕士或博士研究工作的最高奖项，当时，想起他对我角色3的负面评价，我的整个自我都感到无辜。

虽然我的角色1海伦经常要我准时工作，但主导我的实验室生活的，是我那喜欢玩乐的角色3。事实上，我申请哈佛大学精神病学系的职位时，我告诉我未来的老板，我内心是个艺术家，但我选择做科学家谋生。我实际上是在告诉她：我拥有富于创造、创新和探索精神的强大角色3，也拥有能把事情做好、按时完成任务的强大角色1。她马上就聘用了我，而且直觉地将那些受益于审美眼光的研究项目交给了我。我们拥有很好的工作关系，因为我们充分利用了各自的优势。

9. 你的角色3是什么样的父母、伴侣或朋友?

我们的角色3是我们的精彩部分，但他们喜欢杂乱、创造和当下，因此，他们可能是最有趣、最富情感的父母，但肯定不是最有条理、要求最严格的父母。需要指出的是，如果你是主导角色为角色3的父母，那么，过早地将孩子推入他的角色1，让他承担创建秩序的重担，这种做法既不公平也不恰当。

孩子就是孩子，需要被保护。吸毒、酗酒的父母不会表现出健康的角色1，因此，各种责任通常都会落到最大的孩子肩上，不得不从小就过早地发展自己的角色1。我们要注意对周围人提出要求，这是写作本书的重要原因之一。即使你的主导角色是角色3，也可以训练自己的角色1适时地上线，让自己表现为健康的成年人。

同样重要的是，作为成年人，我们不但要为自己年幼的孩子也要为青少年提供秩序。人脑在25岁左右才会完全发育成熟，因此，有些青年人看似成年，但在他们的大脑发育成熟之前，需要我们的角色1帮助他们，为他们提供秩序，担起角色1的角色。显然，有些孩子天生就有秩序和完美主义倾向——换言之，有些孩子生来就具有某些角色1的技能——但对于其他孩子，我们需要为他们提供秩序。虽然我们要做孩子们的朋友，但是更要教导他们。

如果你的主导角色为角色3，那么希望你的伴侣是角色1，否则，你家就会杂乱不堪。人脑没有秩序，可能会具有敏捷、机灵、有创造力和创新精神等角色3的各种积极特征，但如果我们缺乏某种秩序，就不会有神经细胞抓住我们的想法，因而最终会一事无成。

同时，请爱那些角色3，让他们提醒你孩提时代是什么样的。这将有益于你的身体和情绪健康。

10. 虽然我们尚未全面讨论角色4，但是你要想想，大脑的四个角色之间的关系如何？你的大脑角色3和其他角色之间的关系是什么样的？

我在前面提到，我的角色3皮彭非常感激我的角色1海伦并与她通力合作，因为皮彭知道，海伦渴望并愿意处理她根本不想浪费时间去做的那些事情。虽然皮彭确实很机灵、适应力强、有创造力，但她不善于理性思维，因而会觉得记忆细节和阅读手册既痛苦又无聊。谢天谢地，有海伦在维持世界运转，因而皮彭可以忘我地去做那些当下让她入迷的任何事情。我们知道，皮彭讨厌日程安排，不喜欢被人控制，不过，当她感觉自己的天生技能被接纳和重视时，皮彭就会变成所有人（尤其是我的其他角色）忠实而坚定的朋友。

我的角色3皮彭和角色2阿比也保持着非常重要的关系。当阿比将恐惧、难过和不满带入当下时，皮彭就会施展技能，帮助阿比走出痛苦，开心地去玩儿。当阿比陷入内心深处的悲痛或忧伤时，皮彭不会因为她的痛苦而退缩。相反，皮彭是真正的好朋友。她不但会接纳和宽慰阿比，还会提醒阿比：活着是多么幸福，要庆幸自己拥有感受痛苦的深度与"美味"的能力。

小测试：了解你的角色 3

1. 你认得你的角色 3 吗？请稍停片刻，想象自己活在当下的角色 3。让你的左脑转入背景，把注意力集中于此时此地，感受身边的声音、质地、场景和味道。你有多容易完成这种转换？

_____

_____

2. 角色 3 给你的身体什么样的感觉？你感觉心情舒畅吗？你会踮起脚站立，仿佛自己变得轻盈吗？你沉默寡言，不是因为无话可说，而是因为不想说？体验当下时，你的角色 3 是什么感觉？

_____

_____

3. 如果你识别不出自己的角色 3，怎么办？

_____

_____

4. 假设你能识别自己的角色 3，你有多喜欢这个角色表达自我？你有多少时间以及在何种情况下让角色 3 掌控你的生活？

_____

5. 想到你的角色 3，你能给他取个合适的名字吗？另外，既然你更熟悉你的角色 1 和角色 2，你满意此前给他们取的名字吗？

_____

_____

6. 在你的人生经历中，哪些人的角色 3 对你产生过消极或积极的影响？这些角色 3 是激励还是压制过你的角色 3？

_____

_____

7. 在你的一生中，谁欣赏、关心、认同你的角色 3 并喜欢和他相处？这些关系是怎么样的？

_____

_____

8. 在你的生活中，谁和你的角色 3 合不来？

_____

_____

9. 你的角色 3 是什么样的父母、伴侣或朋友？

_____

_____

10. 虽然我们尚未全面讨论角色 4，但是你要想想，你大脑的四个角色之间的关系如何？你的大脑角色 3 和其他角色之间的关系是什么样的？

_____

_____

7

角色 4：思维右脑

我们是宇宙的生命力，
拥有灵巧的双手和认知的左右脑。

欢迎来到我们的角色 4。我说"我们的",是因为这是我们彼此共享的意识部分、我们的思维右脑。我将大脑角色 4 看作门户,宇宙能量由此进入我们的身体,为其提供能量。宇宙能量和宇宙意识充溢我们的整个身体。我们游动在其中,它们也游动于我们体内,彼此相融。我们的角色 4 是全知的智慧,也是我们体现宇宙意识的方式。

虽然我们是神奇的生命形式,但我们只是运动中的原子和分子。我在讨论角色 1 的时候提到,我们的左脑可以提升信息处理的层次,让我们的焦点越过分子流层面进入外部物质领域。当我们的知觉退出物质层面,进入构成万物的原子层面时,我们的焦点就返回我们的本源物质。这种微观宇宙流意识无所不能、无所不在。我们从未离开它,从未失去它,它是流经我们脉络的和平之河。

转入我们的角色 4 意识,我们就能获得这种内心和平感。不过,我们还必须让痴迷于外部世界细节的角色 1 安静下来。我们必须停止角色 2 的情绪反应和平息他们的反复无常,必须将我们的焦点移出角色 3 正在处理的体验性感觉。这三个角色在我们大脑中制造了太多的噪声,必须让他们都安静下来,我们才会在角色 4 意识中感到心旷神怡。

我们四个角色的四种不同意识,就好像是弦乐四重奏的四种乐器。

两把小提琴演奏的是旋律部分，刺耳的高音压过其他声音，很容易被听出来。大提琴起支持作用，声音低沉，与小提琴奏出的高音明显不同。中提琴发出的声音不如小提琴高亢，也不如大提琴低沉。正因为如此，中提琴奏出的中音才能完美地融入其他乐音，难于辨识；同时，中音也起黏合作用，将其他乐音融合在一起，构成和谐的乐曲。

我们四个角色的四种不同意识，就好像是弦乐四重奏的四种乐器。

这四种乐器同时演奏时，很难听出中提琴的乐音，但如果没有中提琴，整支乐曲就会缺乏和谐美。就四个角色而言，我们的角色 4 起着中提琴的作用。吵闹的、遮蔽快乐的角色 1 和角色 2 是两把小提琴，而角色 3 则是低沉的大提琴。我们必须仔细聆听才能听见我们的角色 4，当其他乐器都同意更轻柔地演奏时，我们就能听见中提琴那强大而优美的声音。我们的角色 4 和中提琴一样，也是调和四个角色声音的黏合剂。

如果你的角色 1 不认可角色 4 意识的正确性或存在，自然就会将陌生、未知和神秘的东西评判为"噪声"。不过，纵观人类历史，在世界上的各种文化中，人们设计出了宗教教义、祷告、冥想、瑜伽等工具，帮助我们进入这种意识领域，体验我们的角色 4。卡尔·荣格指出，"自我"是我们自己的原型部分，是我们的无意识与意识的合一。我们知道它的存在，但如何进入其中，一直是一大挑战，而且每个角色的处理方式也并不相同。

我们的左脑热衷于将万事万物加以分离和归类，以便创造外部世界的秩序和意义，因此，有人认定科学和精神是截然对立、无法同时存在的两大领域。作为一名科学家，我无法理解这种想法，因为科学是我们用来探索未知的战略工具，而我们显然尚未了解我们的右脑领域。

不幸的是，科学家们用于研究的科学方法显然是一种线性方法，左脑设定这种方法，是为了测量万物、复制实验，以便验证某个假说。这显然具有很大的局限性，因为现有的科学方法只适用于证明和验证我们角色 1 的外部世界的事物。研究线性现象，我们只能采用线性方法。

如果某个东西无法测量，或者实验结果无法复制，我们的左脑往往就会否认其存在或完全否定其价值。我们左脑意识领域里可以研究的东西，与我们右脑意识领域里既无法测量又不可复制的其他东西，二者之间存在着鸿沟，因此，要想了解右脑意识领域，我们就需要信仰。令人欣慰的是，当前进行的许多真正具有创造性的研究不但拓宽了科学方法的边界，也在科学教条和精神体验之间搭建起了桥梁。

我们的角色 4 是和我们永远相伴的朋友，因为他们是我们生存的能量。这种意识融入我们身体的每个细胞、宇宙的每个分子。他们是我们生活、呼吸和存在于其中的能量球。他们是我们的生命之源，是我们借助各种方法渴望获得的体验。我们的角色 4 是我们英雄之旅的彼岸，回归这种意识，我们就能体悟宝贵而和平的自我。我们的角色 4 是我们的真实自我，因为他们是我们和宇宙共享的那部分自我，但是，这并不是在否认我们四个角色的真实性。

什么决定了我们最初的意识

我们的角色4是我们与生俱来的原初意识，在我们大脑和身体神经功能尚未连接使，他们就已经存在了。当大脑还无法定义身体开始和结束的边界时，我们就只是一个融入并弥漫于细胞生命的能量球。

我们父母的DNA结合后，受精卵细胞开始发育为胎体。在宇宙能量意识的推动下，胎体逐渐发育成熟，成为生命。这个胎体包含着所有必需的分子，它们变形为现在的我们。

怀孕期间，这个宇宙能量球（我们的角色4）主导着我们的基因表达，而基因含有我们分子图谱的蓝图。即将形成我们生命的那些细胞以每秒25万个新细胞的速度不断发育。（没错，是每秒钟，不是每分钟！）让人难以置信的，在角色4的主导下，我们从单个受精卵细胞变形为我们的身体结构。

正常情况下，孕期结束后，我们的组织、器官以及器官系统细胞就已排列整齐、井然有序，开始迈向我们离开子宫后的下一个阶段。我们出生时，虽然构成我们大脑和身体的那数十万亿个细胞已经就位并组织有序，但是它们存在于各个层级的功能之中。例如，负责呼吸的横膈膜肌肉细胞已经和我们"爬虫类脑"的脑干连接，因此，我们一出生就能够呼吸；我们的骨骼细胞和其他运动系统细胞虽然已经就位，但是需要外界刺激才能发育成熟。

我们出生时，包围我们在子宫里发育而成的那些细胞的能量球与外界能量相互融合并处于流动之中，因为两者是一体的。显然，出生时离开温暖的子宫液体环境，进入富含氧气的环境，这不但会刺激我们的生理系统，也是我们与某个具有保护性和滋养性的东西的原初分离和断连。

在出生那一刻，我们获得了身体的个体性，但我们永远不会摆脱那种融入我们每个细胞的、共有的宇宙能量意识。我们为什么都喜爱婴儿？这可能与我们对照婴儿的角色 4 时很容易唤醒自己的角色 4 有关。你只需望着新生婴儿的眼睛，就能看见他们的美。用我们的手指掰开婴儿的小手，闻着他们头上的气味，我们就会陶醉地回忆起自己的天真无邪、敏感脆弱。我们生来就会拥抱生命的奇迹以及这种奇妙的转变，对具有各种可能性的人类未来充满永恒的希望。

我们出生时，为了适应新的环境，随着我们的角色 2 和角色 3 上线处理新的输入信息，我们的婴儿大脑在生理上会转向更高层级的信息处理。刹那间，各种强烈的刺激信息涌入我们的感觉系统，包括光线、声音和直接触摸，而这些刺激信息在子宫液体环境中都被减弱。我们大脑的神经连接是先天和后天的产物，由于我们的感觉系统尚未完全成熟，不断涌入的大量刺激信息最初会被视为混乱和噪声。然而，我们的大脑是一个奇妙的工具，天生就有能力从无序中创造秩序，从无意义中创造意义。

出生时，我们不能定义自我身体的边界，需要外界刺激，我们的大脑才能建立起定义和控制肌肉所需的回路和网络。顺便说明一下，正因为如此，婴儿不能被连续数小时地绑在襁褓中，而应该被允许四肢乱动。

婴儿时期，我们四肢的每次随意活动，都会由肌肉经关节向大脑传输我们的空间位置信息。出生时，我们只是细胞的集合，意识尚未得到定义和提炼。这些随意的身体活动对于大脑的正常发育来说，至关重要，因而应该得到鼓励。我们大脑的学习速度很快，随着我们拥有了身体的边界意识，我们就能够基本控制自己的四肢活动。

还必须注意，我们出生时，我们的大脑并非白板一块，我们的基因图谱携带内在的、本能的智慧。组成我们 DNA 染色体的四种分子与其他哺乳动物完全相同，这意味着我们的基因组编码都从我们的基因祖先那儿遗传了相同的反应模式和觉察力。例如，我们人类 99.4% 的基因编码与黑猩猩相同，这种编码就包括本能和带有保护性的觉察力。

思维右脑主导我们的精神与信念

我在前面提到，我们是会思维的感觉动物，不是会感觉的思维动物。出生时，我们角色 2 和角色 3 回路的发育程度，要远高于我们角色 1 和角色 4 回路的发育程度。我们的角色 2 和角色 3 完全上线后，我们的注意力才开始聚焦并过滤外界涌入的各种感觉信息。我们的角色 2 和角色 3 开始处理信息时，我们的注意力就会从其意识以及更微妙、更全能的角色 4 移开。

从功能上讲，我们的角色 4 存在于角色 3 的体验性实体与无限宇宙意识之间的神经解剖结合处。换言之，我们人脑的角色 4 是精神存在，也有物质体验。因此，我们的角色 4 连接着信仰和精神理想。不管你出于自己的信仰系统而采取什么说法，这个角色都是作为宇宙意识而存在的。

我们的角色 4 意识不断扩展……我们变得完美、整全、美丽。

随着时间的推移，我们角色 4 能量球的这种意识（既是宇宙的生命力，也是我们细胞的意识）悄悄地转入我们的感知背景。就我所知，要想重新连入这种永恒的内心和平状态，最简单的办法是有意识地选择专注当下，然后扩展自己的意识，体验发自内心的感恩。我经常通过角色对话（我们将在后文中详细讨论）这样做。

我们的角色 4 意识不断扩展，我们没有任何身体边界，也没有个体意识，我们感觉自己如宇宙般辽阔，被宇宙流深沉而永恒的爱包围着。这种宇宙感，这种无处不在的内心和平与爱的感受，我们活着时能够体验，也是我们死亡时的归去之所。在这种意识中，不管我们的物理环境如何，我们都会感觉安全，我们沉浸于这种内心和平与满足的体验，我们变得完美、整全、美丽。真正的开悟之道，是知道这种永恒的内心和平就是我们的过去、现在和未来。

角色 4 如何面对这个世界

我们的角色 1 和角色 2 将任何两个事物之间的空间都解读为分离空间。科学告诉我们：我们被原子和分子磁场包围着，我们存在于其中，它们也存在于我们体内。我们的左脑没有意识到这种能量之海，是因为顶叶区域的一组细胞定义了我们的身体边界，从而推测出这种分离。如果我们知道我们能够通过思维和情绪影响这个能量场，那我们的世界将变得多么不同。获得全脑生活的洞察力，也许就是人类的集体"英雄之旅"，就是我们这个物种进化并过上有意义的生活的方式。

我们人类是能量生物，将一种形式的能量转换为另一种形式。例如，通过感觉系统，我们将振动模式变为声音或视觉，这完全取决于特定神经元的结构和功能。我们是拥有身体体验的能量生物，我们不只是振动的接收器，也不只是通过肌肉和四肢运动的机械。相反，我们能够组织自己的思维，能够借助振动产生的语音、语言以及我们讨论过的作为角色3礼物的其他诸多更为微妙的形式进行交流。

推动行星和恒星运行的能量，与形成宇宙意识和我们角色4意识的能量完全相同。构成万物的这种物质没有任何分割，并且都处于运动之中。我们同宇宙流既没有断连，也没有分离，因此，我们人类有能力聚焦自己的思维和情绪，有意识地转换这种能量。通过祷告和意念的力量，我们可以改变这种能量的流动方式。

有目的地专注于意念并将那些感受融入未知的宇宙，变化就会产生。我们变得无比强大，不只是在大脑里，我们还能运行我们的大脑去影响能量场，进而影响我们周围的世界。这也是法国作家菲利普·格兰伯尔（Philippe Grimbert）的《秘密》（The Secret）一书及同名电影拥有如此广泛的吸引力的根本原因。我们与周围空间的能量关系是真实存在的。

专注于当下，我的角色4意识就存在于永恒的宇宙流中，我连通宇宙流，专注地呼吸，感觉自己的内心无限延展，与吹拂着我的脸庞也吹拂着树叶的微风相连。此刻，我移出左脑认知的边界，融入宇宙能量。我成为宇宙流，进入那个高深莫测的存在。我不只是那片树叶，我还是让树叶拂动的能量；我不只是那只翱翔的鸟儿，我还是让鸟儿振翅高飞的能量；我不只是亲吻脸庞的微风，我还是温暖的亲吻；我不只是小猫的呼噜声，我还是那种振动散发出爱的能量。

我向外延展自己，进入闪耀着七彩光芒的彩虹，此时，我就连接了我的角色4，我还记得光芒闪耀是什么感觉。进入母亲慈爱地望着吃奶婴儿的那种能量，我就进入了我的角色4。我的角色4无处不在，存在于万物之中。在这些时刻，我感到愉悦，因为自己活着而感到极致的愉悦。我的角色4陶醉于我和那只苍鹭慢慢建起的联系，它每天早上都会呱呱地向我"问好"；黄昏，那只猫头鹰呼唤伴侣回家吃饭，我和它产生共鸣。我们共有那种神圣的意识，我们是一家人，是一体的能量球。

许多优秀的诗人和音乐家都曾反复描述过角色4的那种极致愉悦感：美丽的灵魂在思考上苍时看见自己与他浑然一体，并将这种体验与我们分享。音乐诗意地流淌，其意义渗入我们存在的裂缝；最完整地道出我角色4灵魂的，莫过于歌手、歌曲作家嘉莉·纽科默（Carrie Newcomer）的歌曲《袒露入骨》（*Bare to the Bone*）：

> 我在这里，没有信息
> 我站在这里，两手空空
> 只有灵魂，厌倦了流浪，如尘世陌生人
> 天真地度过尘世，是我所知的唯一方式
> 满怀希望，满怀善意
> 袒露入骨

我们的角色4可以深刻影响我们运用语言进行深入的、唤醒灵魂的交流，同样，我们这个角色意识也是开放的、觉察的，接纳万物本身的模样。我们的角色4不会评判，只会惊喜地拥抱生活的一切。这个角色会告诉我们的其他角色：我们值得被爱，而且我们就是爱。当我们的左脑角色敞开心怀悦纳角色4时，所有的无价值感就会立刻消失。我们不值得爱，我们是宇宙之爱，这两种体验是无法共有的。

我们大脑的发育方式，使得儿童往往比成人更喜欢自己的角色4。随着年龄的增长，随着我们更重视左脑角色的技能和意识，我们变得更喜欢左脑的外部现实，不太喜欢无意识和未知的东西。这当然是说得通的，因为我们从小就学习社会规则以及如何关注事物层面。我们学习如何收拾玩具，如何不在超市迷失自己，如何运用我们内在的声音。我们从小就接受训练：如何遵守社会规则、尊重世俗价值。

因此，对我们很多人来说，哪怕只是想让左脑不再聚焦于自我，也会恐惧得要死，但这更像是在炎热的夏日走入冰冷的山间溪流。起初，你感觉害怕，然后，你走得更深一点儿，你的身体开始适应。你还没意识到，水深已经及腰了；虽然这可能是你进入过的最冷的溪水，但你的身体变得兴奋，你潜入水中，惊喜涌入你的整个灵魂。那迈入水中的第一步，就是在召唤你的"英雄之旅"。最终，你自我适应并知道：短暂地离开自我，自我也不会死亡。你的自我还在，只要选择，随时可以立即重新上线，但如果你允许自己踏上这个旅程，洞察力和成长就在等着你。

只要我们抛掉自己的评判、日程安排和忧虑，选择进入当下领域，我们就能进入那种未知意识。去跳入泥水坑，不要想它会弄脏衣服或其他后果，让那种强烈的愉悦感从你的灵魂深处喷涌而出。还记得你过去常常体验到的那种孩童般的愉悦感吗？只要想起那种感觉，就会让我笑容绽放并弥漫全身。愿意脱去得体的衣服、自我或价值观，我们就会让自己进入此时此地的当下领域；生活杂乱无序，那就顺其自然，陶醉其中。

当你放下自我怀疑、评判和批评时，你是谁？如果你如角色4相信你那样相信自己，你会是谁？如果你时刻都能识别并拥抱自己的这个角色，你会是谁？如果你让自己从左脑的那些边界和限制中解放出来，你会变得多么辽阔？你的角色4随时都在，随时都连接万物并永远爱你。他们是我们停下脚步呼吸时的雄壮高山，是我们跳过水面时激起的涟漪。

这个神圣的角色4无所不能，他就在你的意识焦点之外，除了你自己，谁也无法带你去那里。你可能身体孤单，但你的这个角色不会感觉孤独，因为他是融入万物意识之中的爱。我们的角色4感恩生活的馈赠，悦纳生活的一切，欣喜于时间的流逝。

诗人鲁米雄辩地向我们发出邀请："错与对的想法之外，存在着一个领域。我会在那里等着见你。灵魂躺入那片草地，世界的丰盛难以言喻。"我们的角色4就是我们的那个领域，既栖息于我们存在的核心，也栖息于我们存在之外的面纱边缘。我会在那里等着见你……

角色4如何应对工作与生活

角色4在职场

角色4是公司巨轮的锚。我们的其他三个角色都以各自的方式摇晃着这艘巨轮，但角色4能够可预测地、合理地、全局性地、公正地洞察公司的整合、运转及其工作方式。角色4不惧怕任何财务状况，不渴求自我中心，因为他们没有自我。当然，角色4会意识到他人的自我，他们随时都在评估整部机器的整体表现。他们拥有系统性思维：如果我们这样做，就会发生那样的情况，因此，我们需要用这个来抗衡那个，才能创造平衡。

我们的角色4可以杂耍般地同时应付九个细节，不会因为恐惧而无法动弹，也不会因为任务复杂而感到精疲力竭。角色4将各个部分视为整体的不同"零件"，其长处是把它们组合起来，创造整体性流动。因此，我们的角色4是所有组织的验收测试。如果我不知道某个项目是否可行，我就寻求角色4出主意，她会视觉化这个项目，然后告诉我"是的，我们可以做"或者"不行，那行不通"。角色4也可能会说："是的，我们可以做，但我不确定我们是否应该做。"如果角色4不认为新增的东西会为全局增加价值，则往往会选择简单性和清晰性而不是复杂性。

至于商业活动，我们的角色1希望赚取利润，角色2会操心细节和想法，角色3希望它好玩儿，而角色4则希望服务于更大的利益。

角色4在休闲时

角色4可以听见海滩、波浪以及远方飞翔的鸟儿的声音。角色4满怀感恩，因为他们与浩瀚的海洋相通，哪怕有一丝沮丧，也很快被希望和可能性取代。在这个空间里，角色4感觉自己和万物交融、丰裕，完全沉浸于"一切皆应如此"的意识之中。

我们在海滩可能形单影只，但我们的角色4绝不孤独。他们与万物相融，自在感和当下感油然而生。我们凝望着鸟儿，忘记时间的流逝，沉醉于鸟儿的喃喃自语。我们存在的本质消退，合着海浪的节拍流动着，我们和鸟儿一起翱翔，洋溢着满足感。阳光温暖着我们，我们闭上眼睛，双手举向天空，为自己的生命、为周围所有的生命心怀感激。我们畅快地呼吸。

我们感觉自己蒙受天宠，我们独一无二，完美、整全而美丽。我们不作任何比较，因为我们完全沉浸于此时此地，放空自我，别的地方或时间都不存在。我们感激自己有生命、自己就是生命、我们共享生命。看见鹈鹕顽皮地"舞蹈"，我们感觉到幽默有趣；看见云彩，我们感受到周围一切的神奇之美。我们觉察到我们是宇宙的一部分，我们流动于其中。

在海滩，有人经过身边，角色4会报以微笑，互相注目。他们活力四射，无法安静，哪怕身体没动。他们饶有兴趣地融入孩子玩耍时的尖叫声，微笑地看着打盹儿的老头。敞开灵魂、同他们共振，你就能感觉他们对所有人和万物的爱与呵护。我们今天看见的那些海豚，那些给每个人都带来愉悦的海豚，它们就在此时此地与我们的角色 4 交融。

角色 4 "快照"

- 觉察：我与万物相连。我觉察到自己与周围万物共享同一意识，我在其中，他在我中。我们相互影响，即使我们无法看见。我们可以训练自己感受他们、认识他们。

- 开阔：我对所有可能性都保持开放，我珍视自己存在的"大画面"和整全性。我不害怕自我的离场，因为我知道自己独一无二，完美、整全而美丽。我存在于宇宙能量之中。

- 相连：我存在于宇宙流意识中，我接纳永恒的、全知的、与万物相连的自我部分。冥想或祈祷时，我与这个空间产生共振。我们每个人都是人类网络的一个"神经元"，我们在分子层面上交错相连，都是宇宙流的一部分。

- 接纳：我既接纳生活本身，顺其自然，内心和平，也期望事物如我想要的样子，也会因为现实与期望不相符而痛苦。

- 拥抱变化：我热爱并拥抱当下的一切，当此刻的生活、此刻的爱、此刻的经历成为过去时，我会因为曾经拥有过的一切而心存感激。生活时时刻刻都在发生变化，我敞开胸怀拥抱一切变化，并为未来的一切心存感激。

- 真实：当我脱离外部世界中自我的细节时，当我超越角色 1（角色面具）、角色 2（阴影）甚至是角色 3（阿尼姆斯 /

阿尼玛）的细节时，我就会拥有自我力量，作为最好的自我向前迈进，因为这是流动于我大脑中的宇宙意识。

- 慷慨：我是整体的一部分。我给予你，就是给予你我的一部分。我帮助你，就是帮助我们所有人。我爱你，是接纳真实的你，我们都会茁壮成长。

- 清晰：我不再因为外部世界的运转而分心，我有清晰的意图：爱与被爱。我们生活的首要任务，就是彼此相爱。

- 意图：我设定意图，相信万物相连并处于流动之中。我运用心力与精神力量展现某个东西时，就是在运用自我力量去改变空间原子和分子的排列，而我也保持在正轨上。

- 脆弱：作为宇宙意识进入生活，我的角色 4 就暴露无遗，但我坚强地面对自我的脆弱。我让你看见我是谁，你也能做到这一点。

角色笔记：识别你的思维右脑角色

同其他角色一样，如果想暂时跳过下面这些问题，那可以等你有时间并且真正想探索自己的这个角色的时候，再返回阅读。

1. 你认得你的角色 4 吗？请稍停片刻，想象你就是自己的这个角色。

中风那天早上，与我的角色 1 和角色 2 完全脱离后，我才开始真正熟悉我的这个角色。我感觉我认识的那个我似乎空空如也，但我仍然受到身体和生活的束缚。我成长中的一切都消失了，在全知的宇宙意识里，我感到纯粹的愉悦和恩典。我知道，虽然我还活着，但我与我的左脑完全断连，只能算是活着。

2. 角色4给你什么样的身体感觉？这个角色如何控制你的身体？你的声音听上去怎么样？

我的左脑角色消失后，我的角色4意识感到极致的愉悦和幸福，我每天多次刻意回归这种状态。进入我的角色4意识时，我视线模糊，感官活跃，心胸开阔，专注于当下，身体边界消失，我的本质存在在永恒的、强烈的恩典与满足感中膨胀。我说话的声音掉入低音区，发音清晰。我的角色4意识是一种神奇而美好的意识，我知道自己有一天会彻底回归这种意识，到那时候，我才会感觉真正自在。

3. 如果你无法识别自己的这个角色，那怎么办？

如果你完全不熟悉自己的角色4，不但无法识别他，还感觉听上去可笑、陌生甚至很危险，请别担心，你并不孤单。同我们的角色3一样，走出我们神圣的个体性，我们的角色1和角色2就会感觉非常危险。不过，帮助人们找到这个内心和平之所的技术和工具已经成为一个蓬勃发展、价值数万亿美元的产业，如果你想依靠它们来获得内心和平，那你拥有很多选择。

我们生活的这个社会倾向于关注左脑的等级和物质价值观，关注"我"这个个体；我们获得奖赏，是因为我们所做的事，而不是因为我们是谁。我们的角色4的存在，是一种内心和平、极致愉悦、感觉万物相连的生命状态，生命本身就是奖赏，感恩就是内在感受。我们的角色1是不可能通过线性推理和思考进入我们的角色4的。相反，我们必须臣服于他们，而这让人感觉恐惧。

如果你的角色1和角色2确实非常强大，那你就很难进入自己的角色4，因为你必须感觉安全才能进入角色4。不只是身体安全，还有情绪安全——那些不珍视角色4的人没有批判和批评你。很多左脑强大的人会负面评判自己右脑的价值，因为他们只相信自己的五官所定义的现实。此外，几乎没有什么东西能像信仰那样激起恐惧、敌对和争论。我们有理由相信自己的信仰，对我们的信仰的挑战，常常被解读为人身攻击。

理解宗教教条和宗教故事是我们左脑语言中枢的一大功能，而我们的精神体验则发生于我们的右脑。不管你观察哪种宗教，祷告、念经或冥想（在神经解剖学层面）的终极目的，都是让我们的意识突破我们左脑的束缚（感觉自己是个体），进入我们的角色4意识（体验与上苍的流动联系）。

即使你不信仰任何宗教，不管你是无神论者还是不可知论者，你也不孤单。我们很多人不知道自己要信什么，因此，除了自己的力量和五官感觉，我们选择什么都不信。不过，不管我们的信仰程度或种类如何，只要进入我们大脑的角色4意识，就会对我们的身体、情绪和精神起到很好的疗愈作用。当我们选择和宇宙意识一起治疗时，就会产生神奇的康复效果。只需要看看我的大脑。我可以保证，帮助我左脑角色重新上线的，不是他们自己的力量，是在宇宙意识和我的角色4意识共同作用下，我的左脑细胞才得以康复。

如果你仍然无法识别自己的角色4，那你就想想生活中感觉心胸开阔的那些时刻。对很多人来说，看见彩虹或萤火虫，都会感觉兴奋不已。如果你觉察不到自己有过这些感觉，那你可以采用某些工具来帮助自己变得更敏锐、更开放，帮助自己与宇宙更相连。如果你愿意拓展自己的体验，练习将注意力转向高深莫测的东西，就有可能训练自己"成为"周围的能量。

4. 假设你可以识别你的角色4，你会让这个角色如何表达自己？你有多少时间处于角色4意识？是什么样的感觉？

我和着蜂鸟的嗡嗡声"共振"，对着流星轻声说话，还不忘默默许个愿（为什么不呢），此时，我的角色4就快上线了。角色4总是躲在其他角色的噪声雷达之下运行，这是我全知的、全爱的、与万物相连的真实自我。

我大脑的这个角色知道，无论世事如何，无论所处的环境怎样，我们都是完美的、整全的、美丽的。我的角色4显露无遗的时候，是我和着多丽丝·戴脱口而出地唱起"世事不强求"的时候。而对你来说，可能是鲍比·麦克菲林的"别担心，要快乐"或《狮子王》中的"不烦恼、不忧虑"响起的时候。这些歌曲道出了我们角色4的承诺，与年龄和时代无关。

我呼气，让某个更大的东西托举着我，此时，我就有意识地进入了我的角色4。我们的期望、必做之事、表现、自我依赖、自我批判和焦虑就在我们的吸气之中。当我们放开它时，当我们连接的是渴望而非事物本身时，我们的角色4就会退出。

通过练习，我将自己的意识移出正常的焦点，世界的喧嚣嘈杂被推入背景，专注于那个无名的东西。专注于自己的呼吸之时，我立刻就转入了当下。当我想着自己的呼吸时，我就退出了过去或未来。一旦转入当下，我就与感恩连接，让自己的意识进入那条小溪的潺潺水声，体验他人的笑声、眼泪和恐惧。

我让自己膨胀，让自己的能量和那边田地里的小麦叶子交织，我存在于身边的草和树之中。它们顺其自然，它们相信这就是它们的意义，是它们要做的事情。

角色4是我们的神秘自我。他们让我们知道，我们不只被大自然拥抱，那些昆虫演奏嘈杂的"交响乐"时，我们还是它们的强音。我们是冲破云层的耀眼阳光。水面泛起的涟漪中的"莫尔斯电码"，我的角色4将其解读为来自远在天边的、我所爱之人的爱的音符。

5. 想起你的角色4，你能给他取一个合适的名字吗?

我愉快而热情地称呼我的角色4为"蟾蜍女王"。说她是"女王"，是因为她就是女王，是我尊贵的、与上天相连的那个角色。说她是"蟾蜍"，是因为我就像是一只蟾蜍，住在漂浮于水面的一片睡莲叶子里——一艘我每年要住上五个月、名叫"脑波"的小船。我意识到，我不能把自己看得太重，因为我是宇宙的中心，也是一粒尘埃。我的角色4就是生命。她是我无所不在的那个角色，她让我感觉到永恒之爱。

6. 在你的人生经历中，哪些人的角色4对你产生过消极或积极的影响? 这些角色4是激励还是压制过你的角色4?

中风之后，我不想放弃这个完美、整全而美丽的意识。因此，我对自己发誓:我只让左脑康复到其他人认为我是正常人的程度。显然，要重新成为脑功能健全的人，我付出的代价就是失去与上天的联系。然而，我决心要康复是因为：如果我不回来与大家分享我的中风经历，那这个经历就毫无意义。

我经常被问及能否随意回到角色4空间。大多数时候，我不是居于此处、客居于彼处；相反，我选择居于彼处、客居于此处。我是一个角色4，但我还有角色3、角色2和角色1的那些回路和技能，让我作为一个生物体正常地生活于这个世界。不过，我一直很清楚：借用荣格的话说，"蟾蜍女王"才是我的自我，而其他意识只是我赖以生存的其他角色。

我喜欢结识其他角色4。他们确实是生活蛋糕上的糖霜。两个角色4在一起，就会看见光芒四射、电闪雷鸣、爱意爆发。我们是神圣的。

7. 你一生中谁欣赏、关心、认同你的角色4并喜欢和他相处？这些关系是怎么样的？

我听过的最睿智的话，有些就出自我的好友杰瑞·杰赛夫之口。他说："作为人类，我们很迷茫，越来越迷茫。"我想，更准确的说法是：那些没有意识到、没有尊重或珍视自己或他人的角色4的人，就是我们当中最迷茫的人。

我的很多好朋友在生活中都拥有强大的角色4。这些友谊都有着接纳、热爱、支持、滋养和善意。两个角色4相处时会共享某种意识，那是你能找到的最感恩的人际关系之一。

还有谁喜欢我的这个角色呢？我的那些寻求或了解自己这个角色的同路人。他们和我一起在群星中起舞，知道时间和空间没有分离，因此，我们根本不需要相见。一旦相见，就是相连的神圣时刻。

8. 在你的生活中，谁和你的角色 4 合不来?

我的这个角色是纯粹的爱，无论你处于何种情况，都能看见自己的美好。这个角色是母亲对自己的孩子以及他人的孩子无条件的爱。他是我们眼中没有陌生人的角色，他说:"父啊，赦免他们，因为他们所做的，他们不知道。"角色 4 是无条件的爱、永恒的爱。

我们的角色 4 是安全之所，因为他慈悲、善良和开放。当你哪天很糟糕时，我的角色 4 就会充满善意和支持，给你微笑和抚慰，即使你在愤怒咆哮。角色 4 为角色 2 留出空间，痛苦的角色 2 就会感觉到力量、勇气和爱。我们的角色 4 是我们拥有的减轻自己或他人痛苦的最强大工具。

9. 你的角色 4 是什么样的父母、伴侣或朋友?

我们必须帮助自己的孩子培育强大的角色 4，因为这是我们意义非凡的、具有疗愈作用的自我部分。健康的孩子最希望和他人建立真正的联系;作为他们的父母或朋友，我们可以为他们示范同上天保持健康联系意味着什么。能够识别并珍视存在于每个人和万物之中的上帝意识，我们就会心胸开阔，评判之剑的锋刃就会软化。我们可以邀请自己的孩子进入当下意识，但更可能的是他们会领着你进入当下意识，因为我们生来就有角色 4 意识。

小时候，母亲给我的最伟大的一件礼物，是让我安心:即使我惹她生气，即使她可能不太喜欢我的行为，她也依然爱我。此外，在我成长的道路上，在我一生之中，母亲允许我成长，她没有将我限制于昨天的我;她允许我从不良行为中成长，她没有抑制我成长。

大学毕业后，我离开印第安纳州，驱车前往加利福尼亚州，成了亚美利加河上的一名导游。一位个子和我差不多的美丽的女士主动教我如何在激流中划船。雷吉娜是拥有13年丰富经验的导游，她告诉我，我个子小，所以必须学会用脑子而不是体力划船。男人可以凭借肌肉力量划出激流，但小个子女人不行。那个夏天，我在亚美利加河上获得了成长，我认识了最好的自我、我希望成为的自我。我认识了我的角色4。

我回到家，母亲发现我变了一个人，她从不将我限制于"小我"。母亲知道我的角色4，我中风之后，她坚信，她的任务是和我一起努力帮助我自我康复，为成功铺好道路。母亲是上天给我的最伟大的恩赐，因为她抚养了我两次。

为他人示范如何在大自然的寻常之物中发现神圣性，我们就能帮助他人更清楚地看见神圣性。我有一位朋友，我俩一起散步时，看见人行道上的虫子，他总是捡起来放回庭院。这个做法很伟大，除非下雨天有成千上万的虫子爬出来。接着，我发现，我的左脑在质疑这种做法是否明智，而我的右脑觉得我们该去钓鱼了。

10. 你大脑的四个角色之间的关系如何？你的大脑角色4和其他角色之间的关系是什么样的？

"蟾蜍女王"不只是爱所有角色，她就是爱。她尊重和支持我的角色1"海伦"，赞赏她为建立生活秩序所做出的努力。我的角色2"阿比"陷入恐惧或痛苦时，"蟾蜍女王"会及时地冲上去拥抱她、滋养她。"蟾蜍女王"敬重我的角色3"皮彭"，但必须经常提醒她：虽然临终和死亡不可怕，但我们感激皮彭的合作、帮助我们活着。皮彭已经适应了合作，我们比以前更早地进入了"电闪雷鸣"。

小测试：了解你的角色 4

1. 你认得你的角色 4 吗？请稍停片刻，想象你就是自己的这个角色。

_____

_____

2. 角色 4 给你什么样的身体感觉？这个角色如何控制你的身体？你的声音听上去怎么样？

_____

_____

3. 如果你无法识别自己的这个角色，怎么办？

_____

_____

4. 假设你可以识别你的角色 4，你会让这个角色如何表达自己？你有多少时间处于角色 4 意识？那是什么样的感觉？

_____

_____

5. 想起你的角色 4，你能给他取一个适合的名字吗？

_____

_____

6. 在你的人生经历中，哪些人的角色 4 对你产生过消极或积极的影响？这些角色 4 是激励还是压制过你的角色 4？

_____

_____

7. 在你的一生中，谁欣赏、关心、认同你的角色 4 并喜欢和他相处？这些关系是怎么样的？

_____

_____

8. 在你的生活中，谁和你的角色 4 合不来？

_____

_____

9. 你的角色 4 是什么样的父母、伴侣或朋友？

_____

_____

10. 你大脑的四个角色之间的关系如何？你的大脑角色 4 和其他角色之间的关系是什么样的？

_____

_____

8

角色对话：让四个角色成为你掌控自我的工具

我们是宇宙的生命力，
拥有灵巧的双手和认知的左右脑。

我喜欢观察我的四个角色如何互动、如何共同作用于我的生活。我的四个角色不时地切换主导权，因为我能够分别体现她们。我和角色1"海伦"正在台上接受采访，讲解大脑知识；接着，角色3"皮彭"马上跳进我的意识，接过麦克风，用我的身体作为道具进行示范。说真的，这是过去的"海伦"绝对不会同意的。但是，现在的"海伦"不再为此感到震惊或尴尬，相反，她学会了欣赏"皮彭"，事实上，她像观众一样觉得"皮彭"聪颖、有趣。"海伦"的讲解枯燥无味，最能证明这一点的莫过于"皮彭"。越熟悉你的角色谁是谁，当她们出现时你就越有安全感，也就越能全脑地生活。

　　过去几年里，我一直观察我的四个角色，我发现，她们的大多数行为都是可预测的。"海伦"喜欢出现在办公室或电话里，而我漫步大自然时体现的肯定是"蟾蜍女王"。只有"皮彭"跳出来激发肾上腺素冲击，真正有趣的事情才会发生。我们的四个角色都有各自固定的行为模式，因此，越愿意观察生活中的各个角色，你（及他们）就越能自由地过着全脑生活。

　　我们的目标，是让我们的四个角色与他人的四个角色保持健康的关系，尤其是如果你希望这些互动是积极的、充满活力的。我们确实有能

160

力随时选择自己想要处于哪个角色；我们采取最佳行动的关键，是让四个角色进行对话。

所谓角色对话，就是聚集四个角色的声音，让他们对生活中随时发生的事情有意识地进行对话。现在，我们来深入看看这种角色对话到底是什么意思。借助角色对话，我们可以掌控自我的力量，全面负责起如何向这个世界展现自己以及展现怎样的自己，如何选择让这个世界影响我们的思维、情绪、感觉与行为。

我们的生活处于自动运行模式时，我们的四个角色就会为所欲为，不会顾及我们本来要做的事情。就像是体育比赛，我们的四个角色聚在一起进行对话，分享各自的看法，然后集体选择下一步的最佳战略行动。不管外部世界状况如何，经常进行角色对话，我们就会找到适宜的、和平的解决办法。

选择进行角色对话，就为成功奠定了基础。真想过上有意义的生活，就要积极地、有组织地进行角色对话。此外，每次进行角色对话时，如果我们的角色都参与，就能确保获得美好的结果。

心之锚：你是如何陷入焦虑的

同大脑的其他神经回路一样，生活顺利时，越经常练习角色对话，该回路就会变得越强壮。最终，角色对话就会自发运行，变成你的新习惯。试想，一旦角色对话能够自发运行，你的整个生活将发生多大的变化；经过不断的练习，当你感觉自己的情绪扳机就要扣响时，你大脑的习惯反应就会是进行角色对话。

现在，我已经认识了我的四个角色，并能熟练地召集她们轻松自如地参加对话，我从中获得的最好馈赠是意识到：当我的角色2感觉孤独、沉浸于痛苦的情绪时，她不会再孤单。当"阿比"陷入悲伤或绝望的情绪循环时，只要召开角色对话，所有的孤独感或绝望感就会立刻消散。我的角色3和角色4不会感觉孤独，因为她们存在于集体意识之中。

不过，如果我的角色2"阿比"感觉自己同角色1以及角色3和角色4的集体意识发生分离，她就会感觉自己完全淹没于绝望情绪的迷雾。如果我体验到如此强烈的威胁感，那么只要意识到我的四个角色都在，我就可以召集他们进行对话，这样我的心就会锚定。

我可以证明：养成角色对话的习惯，就能过上全脑生活。我的角色2"阿比"偶尔会有意地体验焦虑感。我无法提前知道焦虑感何时来袭，但只要它袭来，我就会感觉到自己的大脑陷入情绪反应的飓风。在这样的危急时刻，选择让我的四个角色对话，这一直是我的救生索。如今，当我角色2的情绪压力回路开始加速运行时，我就拥有可用的成熟工具，让我的内心宁静下来。

如果你也感到焦虑，那你肯定知道：该回路一旦运行，就会彻底劫持你的大脑。恐惧、焦虑、惊慌等情绪，都能让我们无力动弹，感到畏怯、绝望、虚弱和孤独。感觉自己完全被恐惧吞没时，我只要知道自己的其他角色都在，就能从中获得慰藉。即使我可能没有意识到她们存在，我也知道她们都在望着我，等着能量聚集和爆发，再次召集她们举行对话。角色对话帮助我度过了灵魂的至暗时刻，我敢肯定，这个工具同样也会帮助你安然度过危急时刻。

感觉自己完全被恐惧吞没时，我只要知道自己的其他角色都在，就能从中获得慰藉。

如果你从未体验过强烈的焦虑感或者不知道焦虑感是什么样的，那么可以想象一下：你大脑和身体的所有能量突然全部涌入你的"战斗—逃跑或装死"周边回路细胞群。你只听见自己的血液在咆哮，警报响起，心脏怦怦直跳，思维不清，视线模糊。你失去平衡、惊慌失措，整个身体都感觉像是受到了暴力袭击，你的角色2变得精疲力竭、虚弱无力。还记得吧？我们是会思维的感觉动物，不是会感觉的思维动物。当我们的情绪角色2触发警报，感觉恐惧、愤怒或焦虑时，我们的救生索就会知道：我们的其他角色就在那里，并且随时准备参加对话。

养成角色对话的习惯之后，我的生活还从中获得了另一个馈赠：利用这个工具训练自己识别并随意体现各个角色。如今，哪怕是稍微感到角色2的情绪反应在拉拽我的意识，只要知道我的其他角色都在某个尚未接通的地方，我就能转移自己的注意力，不再接触角色2，而只是觉察她。

在能量层面，一旦我做出这种知觉修正——只觉察她，不接触她，触发角色2情绪回路的能量球就会开始消散。这种高度聚焦的能量不断扩散，重新渗入我大脑的其他角色，很快，他们就会重新上线，重新进入我的意识。他们和角色2一起进行对话：角色1站出来，确保我此刻的身体安全；角色3开始运行想象场景，制定成功的战略；角色4为其他角色保留空间——知道无论发生了什么，哪怕是在最糟糕的情形下，我们也会安然无事。

我们拥有 50 万亿个强大的细胞

遭遇中风、左脑掉线后，我把构成我身体和大脑的 50 万亿个细胞想象为美丽的小生命，每个细胞都有各自的意识。我倾听它们，和它们交流。我珍视它们的努力，告诉它们，我非常需要它们帮助我康复，我鼓励它们继续努力。我将我大脑的康复归功于我的大脑细胞，我现在依然感激它们日复一日地治疗我的创伤。

我相信，我们的细胞有能力治愈我们。当然，我也珍视传统医学的作用（尤其是在紧急情况下）。我相信：只要相信自己拥有自愈能力，我们就能为自己的细胞创建健康的团队精神。作为由 50 万亿个细胞组成的整体，我们拥有角色 4 的共同意识。只要愿意利用宇宙意识与我们角色 4 的合作力量，我们就能康复。

我的大脑曾被完全摧毁，只剩下角色 4 意识。只要我决定努力康复（这意味着我要努力专注于外部世界并忍受由此而来的辛苦和痛苦），我的角色 4 就会踏上旅程，承担起责任，爱我所有的细胞，引导它们为我的康复而努力。我的大脑细胞和身体细胞作为一个集体意识密切合作，虽然我不清楚我会康复到哪种程度，但我的细胞会和我携起手来，共同利用宇宙意识的力量。

完全康复后，我对我的每个角色都同等珍视。我将她们视为个体，但也都是我大脑整体的一部分。我倾听她们的需求，并为此"拜访"她们。在很多方面，我的四个角色就像是四个希望被倾听和看见的孩子；只要了解她们，对我自己和周围人而言，我的生活就更有可预测性。例如，电话铃声刚响我就接听电话，那就是我的角色 1；朋友打来电话，直接进入语音留言，他就知道我的角色 3 正在忙碌。

我的每个角色都有价值和长处，但作为个体，她们拥有各自的价值观。傍晚时分，角色1会衣着得体地准时赴约，而角色4为了在外面和夕阳交流而选择失约。除非日程安排很严格，否则我会让我的四个角色引领我的生活。我是喜欢作为"海伦"感觉能量满满并随时出去分享我的能量，还是更喜欢作为"蟾蜍女王"和自然相融？想一想，如果我们全力支持自己的和他人的四个角色，那我们将为彼此带来怎样的内心和平，将为这个世界带来怎样的和平？

角色对话的作用：让你做出最好的决策

要做出正确的决定，我们就得知道自己拥有哪些选择。完全了解四个角色之前，我并不清楚如何选择，只知道非此即彼、显而易见的选项。通常，我对自己的决定都感觉不错，但做出决定后，我（可能是皮彭或阿比）会意识到：暂停并进行角色对话，我会做出更为明智的选择。我发现，角色对话可以减轻我们的不安全感，让我们最真实的自我发声。

利用角色对话这个工具，可以给我带来几大益处。

首先，要进行角色对话，我就需要按下暂停键，这相当于执行我在"上篇"提及的那个"90秒法则"。暂停90秒，不管是什么化学物质，都会经由血流完全排出体外。一旦我头脑重新清醒，不再感受到先前的感觉，我就能召集我的四个角色进行对话，做出更好的决定。

其次，角色对话可以鼓励四个角色畅所欲言。我的大脑是按照民主原则运行的，每个角色都拥有平等的投票权——除非我面临着危险。感

165

觉自己被倾听，每个角色就会倾听其他角色的意见、希望、需求和想法；达成共识后，她们就会做出一致的决定。

因此，角色对话带来的第三个明显益处是：利用这个工具做出的任何决定，都会因为四个角色的支持和共识而得到强化。拥有这种力量，我就能自信地做出最佳的决定。因此，这个工具不但可以提升我健康的全脑生活，还会支持我最真实的生活。

同样重要的是，我了解这四个角色——她们是谁、她们珍视什么——因此，我清楚她们在我周围人的生活中如何表现出来。知道你是哪个角色，我就拥有了巨大的优势，可以选择如何与你互动。我不会因此而利用你，但我知道如何最有效地支持你、与你互动，因为我始终希望拥有更和平的交流、谈判和解决办法。

努力理解对方的观点，我们的交流就会变得清晰。要爱他人本身，不要他人为了我们的安全感而改变自己，这也是一大馈赠。任何人际关系都具有不同的角色，每个角色都有各自的需求、观点和愿望。识别对方的四个角色及其需求，我们就会获得路线图，实现和平和谐的交流。例如，当我感觉我与你有冲突时，角色对话就可以帮助我后退一步，平静地评估自己的反应，而不是被动地做出反应。然后，我就可以评估状况，体现更多的同情心，用心倾听。

我经常进行角色对话，最重要的原因是：角色对话是通往最佳自我的路线图。

实践证明，角色对话是保障迅速而准确地交流的强大工具。例如，有一天，我给一个主导角色为角色4的朋友打去电话。

我们交谈起来，我说："等一下，谈论你的角色 4 之前，请先告诉我，你的角色 1 怎么样？"她开始和我分享她的角色 1 在做的那些项目和进展。接着，我问起她的角色 2，她说她的角色 2 此时特别脆弱，因为她前一天和家人发生了争执。然后，她突然谈起她的角色 3 的那些"历险"，最后，我们才开始谈论她的角色 4。

五分钟之内，我和我的朋友就对我俩的八个角色进行了非常有意义的交流。这种交流很愉快、清晰，给人极大的满足感。我们都感激四个角色的语言交流所带来的洞察力。

利用角色对话进行自我反思，可以帮助我们决定要对自我形象做出哪些改变，选择如何与他人联系。我意识到，每次开车去看母亲，我所体现的都是我的角色 3 而非角色 1。母亲希望为我俩要做的事情做出决定、做好安排，因此，如果我想保持内心和平，在去她家的路上，我就会有意识地让"海伦"保持安静，让"皮彭"上线。这种神奇的组合让我俩关系融洽。我确信，你生活中也有一些这样的关系。知道如何掌控我们的关系，这是我们如何爱彼此的一部分。

不过，我经常进行角色对话，最重要的原因是：角色对话是通往最佳自我的路线图。这个工具让我左脑的两个自我发出声音并被倾听，但最终我真正想要加入交谈的那个声音是认为"爱无条件"的角色 4 的声音。

进入角色对话，我就知道：四个角色都表达自我后，我才会结束对话并做出决定。我知道，只要我的角色 4 "蟾蜍女王"出现并参与对话，我的角色 1、角色 2 和角色 3 就会放松下来，让我选择最佳的前进步伐。

角色对话的步骤：大脑的角色如何进行交谈

角色对话具有镇静剂的作用。我在前文中提到，有意识地、刻意地让四个角色加入交谈，这个过程具有强大的赋能作用。我发现，角色对话还能带来莫大的慰藉。我将它视为获得内心和平的强大工具。

在后文，我将列出角色对话的各个步骤，并详细描述各个步骤带给我们的力量。如前所述，角色对话各步骤的首字母拼写为"B–R–A–I–N"（大脑），哪怕是在盛怒之下或极为焦虑的时刻，我们也很容易想起来。当我感觉自己疲惫或虚弱的时候，我依靠这个工具重新校准我的大脑。我希望，这个工具对你同样有效。

B=Breathe（呼吸）

借助呼吸，我按下暂停键，将我的注意力引入当下。

在神经解剖学层面，我们人脑的力量不在于细胞相互刺激，而在于细胞相互抑制。细胞很容易受触动和失控，要让细胞不做出反应、停止回路的自动运行，则需要学习和成长。按下这个暂停键，就是我们发挥角色对话力量的方式。

就我所知，暂停生理反应的最佳方式，是将注意力移至当下，专注于自己的身体和呼吸。我的意识一旦扎根于此时此地，我惯常的思维模式和自动运行的情绪回路就会靠边站。我体现哪个角色并不重要。暂停下来，专注于呼吸，我就打破了这个回路，并为新的回路创造了空间。

通过选择专注于呼吸，我按下暂停键，经由我的感觉系统进入的那些刺激信息就不会触发我的思想、情绪或行为的自动反应。构成某个回路的神经细胞之间的存在空间，因此，我能够立即停止细胞间的交流。我不必运行我大脑过去建立起的那些模式化的反应。这对于大脑回路而言，确实是熟能生巧，因为每次我们有意识地运行某个回路，它都会变得更加强壮。

随着我专注地呼吸，我与我的整个身体建立起安全而亲密的联系。我毫无保留地信任我的呼吸，因为它就像是一只给人安慰的泰迪熊，随时都和我在一起，只要我活着，就不会离我而去。对我的角色4意识而言，宇宙就是子宫，我在其中自由地呼吸，我感觉自己被注入了万能的宇宙流意识。我和宇宙同呼吸，有它支撑着我的生命，我才活着。如此看待我的呼吸，我感觉我的意识不断膨胀；当我体验到强烈的怨恨或焦虑感时，这种做法对缓解它们特别有帮助。

进行角色对话之前，如果我一直在运行我的角色1，我会先深呼吸，按下暂停键，然后再选择回到角色1意识，现在的我感觉放松多了。我大脑的这个角色非常擅长处理生活细节，因此，自由进出角色1意识，定期地休息放松，这对我的整个身心健康都具有治疗作用。众所周知，进行运动、小睡片刻或者纵情于打破左脑任务连续性的某种娱乐方式，在神经学层面都有利于暂停左脑的压力回路，按下重启键，让人感觉神清气爽，开放地接纳新的见解和可能性。在左脑努力解决某个问题或写作某篇学术性文章时，这些做法特别有效。

专注于呼吸，有目的地将我的身体意识转移至思维前沿，我通常就能完全进入我的角色4意识，感恩自己这个神奇生命的存在。在这个意识层面，我通过呼吸有意识地调节我的神经系统的自动反应。作为解剖学家，我认为，过滤空气中氧气的半渗透性肺膜，与吸入某些物质并排斥某些物质的半渗透性细胞膜，二者具有相似性。生命存在与消失之间的界线非常细微。呼吸是关键。

R=Recognize（识别）

识别四个角色中哪个角色上线了。

此时此刻，我能按下暂停键，深呼吸，专注于自己的感觉，然后识别自己的哪个角色回路在运行，他人的哪个角色在线。我还可以识别我的四个角色都在结结巴巴地争夺"麦克风"，她们都有重要的事情要讲。

当我感觉自己想要关注细节或某个东西、收集信息、组织信息、有条不紊地努力迈向某个目标时，我知道我处于角色 1 意识。作为角色 1，我要求严格，喜欢发号施令。当我能够掌控自己，掌控局面或掌控他人时，我就充满活力。做事方式有对有错，因此，我特别擅长建立高效的系统，然后随时优化这些系统。人们都知道我注重精确性、效率和能力，因此，我把事情做好时才会感觉满足。

作为角色 1，我是线性思维者；要完成某个多步骤的项目，我会按逻辑从头开始。我是天生的监工，因此，我很适合解决问题。我很容易识别我的角色 1 回路何时上线、何时掉线，也容易识别他人的这个角色。

如果我感觉受伤害、孤独、被抛弃，为过去发生的某件事而情绪化，或者脑子里总回想着过去的怨恨或不公正对待，我就知道我的角色 2 被触发了。不管什么时候，只要我为未来感到焦虑，或者愤怒于自己被忽视、未被倾听、未受到公正地对待，我就知道我的角色 2 突然爆发了，她不只是为了保护我，也是为了让我的需求得到满足。

幸运的是，我的角色 2 刚控制我的身体和意识，我马上就能识别出她。角色 2 会感觉心情沉重、不安或绝望，仿佛世界末日已经到来。角色 2 让我感觉身体刺痛、喉咙发紧、左下巴疼痛。我的注意力高度集中，大脑仿佛被笼罩于乌云之中，感觉被我的其他角色孤立。为了挡住威胁，我的角色 2 已经精通于旧有的模式化反应：羞愧、内疚、难堪、为过去发生的某事而怪罪某人。我们每个人都必须训练自己迅速识别角色 2 何时上线，这样，在我们表现出这些情绪并破坏我们的人际关系或生活之前，就完全可以管理和缓和其引起的痛苦和愤怒情绪。

识别出我的角色 2 被触发后，如果立即按下暂停键，我就可以减弱她的敌意。趁自己还没有说出或做出今后会后悔的言行，我就有意识地让我的角色 2 平静下来。为我的角色 2 上线感到羞愧或内疚，只会激发我要治愈她的意愿，因此，她被触发后，我会采用"90 秒法则"。就像是暂停或倒数 10 个数字那样，让我稍后重启。在胁迫之下，我的角色 2 识别到自己被绑架，于是，她的脑海里就会出现"B–R–A–I–N"这个单词，提醒自己，她并不孤单。

相比之下，当我感觉自己朝气蓬勃、有些神经质或兴高采烈时，我就识别出自己处于热情洋溢的角色 3。肾上腺素涌入全身，我马上就识别到这种能量的爆发。当我感受当下、专注于此刻、想和他人玩耍或联系他人时，我就识别出我处于角色 3 意识。此外，当我感觉自己想创作艺术或音乐，或充满好奇时，我的角色 3 就现身于舞台中央。

不过，角色 3 并不总是感觉快乐，有时候，眼前的某个危险所引发的情绪涌动，会触发右脑的警觉反应，这种反应不同于角色 2 对威胁做出的反应，二者很容易识别和区分。角色 2 情绪触发后，我会感觉心情沉重、枯竭和不安，而角色 3 则让我感觉血液瞬间涌入我的四肢，准备做出"战斗—逃跑或装死"响应。我感觉自己似乎要冲出皮肤，有种奇怪的加速感觉，一股热流涌入我的脊柱，如火山熔岩般爆炸，化为汗水。

角色 3 被触发后，会让周围人感到受惊吓和难受，而我内心感到的痛苦同样会吓到我。我知道大脑做出这种反应是为了救我的命，因此，只要感觉到情绪闸门打开，识别出角色 3，我就会想办法后退，让她悄悄地离去。我们的监狱里关着很多罪犯，他们的角色 3 都曾瞬间实施暴力攻击。想一想，如果他们当初能够召集四个角色进行对话，就不会实施攻击，做出让自己后悔的事情来。

角色 4 总是让人愉悦，很容易识别。当我感觉极度满足、心胸开阔、感激生活给予我的一切时，我就知道我在运行角色 4 回路。在这种心态下，我内心和平，为万事万物本身而心存感恩，即使我的其他角色有不同的想法。我能识别出我的角色 4 随时都在，我随时都能进入，即使角色 2 控制我的焦点时我无法感觉到她的存在。

识别出自己的角色后，不管是哪个角色，我都会认可她，我与这个角色的意识的联系变得更加强大。当我知道自己体现的是哪个角色时，我就连接她，并由此连接我自己。当我认识到我四个角色的价值时，我就不需要得到他人的认可。相反，我非常清楚我的四个角色是谁，我了解我自己。我知道我值得被爱。

我和你的连接也是如此。只有我足够关心和关注你，随时识别出你体现的是哪个角色，我才能和你建立真正的连接。要完全理解和认可你，我就必须首先识别我们相处时你是哪个角色。如果你是角色 1，那你可能希望我肯定你"工作做得好"，而不是像对你角色 4 那样表扬你"点亮了全世界"。

如果你是角色 2，我就需要识别出你的角色 2，认可你的痛苦，配合你的情绪反应，接纳你，满足你被倾听的需求，爱你。我需要识别出你的痛苦是源于伤害还是源于悲伤，我才能体现我的角色 4 来抚慰你。如果你的痛苦是源于恐惧或焦虑，我的角色 1 就要站出来保护你。如果你是角色 2，而我忽视了你的需求，那我就错失了与最脆弱的你建立真挚联系的黄金机会。识别出哪个角色上线，是我们建立真正的连接和亲密的关系的途径。

A=Appreciate（感激）

感激任何角色的出现，感激四个角色随时都在，不管我们是否意识到他们的存在。

不管什么时候，也不管我体现的是哪个角色，我都感激她固有的价值，我不只识别她，还尊重她的技能。关注、认可和感激各个角色的长处，我们就会能让自己与他人建立亲密的关系。要尊重自己，与他人建立连接，最重要的莫过于尊重和感激各个角色的天生技能。

此外，在我焦虑、恐惧或愤怒发作最严重期间，我角色 2 的警觉回路被触发，我感觉自己与我其他的角色断连了，此时，只要感激她们都在，我就会感到心安。即使在最绝望的时刻，我也知道，只要我的角色 2 的能量一消散，我的其他角色立即就会重新上线。

我感激角色 2 稍显笨拙（吵闹、攻击性、无礼）的报警方式。我明白，她之所以有这样的行为，是因为她爱我，想保护我，她只是不知道还有更好的方式，此时，我更钦佩她面对威胁所展现的勇气。我密切关注她，感激她的出发点和努力，她就拥有安全感。

当我进入角色对话感激我的各个角色时，我感激我的角色 1，她想做权威，想掌控我的生活细节，是为了让我过上最好的生活，我知道她可以保护我。她的工作非常出色，我感激她为我掌控很多事情，包括管理人、事务以及日程安排。

我的角色 2 是挺身而出保护我的忠实仆人，我感激她愿意承担这个角色，让我获得安全和成长。我感激我体验到的任何情绪，让我的生活更加丰盈。我感激我的角色 2 愿意走出当下意识，让我可以线性地体验过去、现在和未来。我感激和珍视我自己，因为我能够掌控自己的情绪。拒绝感激我的情绪，只会强化我内心的不满和挣扎。

角色 3 喜欢激动人心的生活，我感激自己能够品味稍纵即逝的时刻和体验。此外，我非常珍视和感激她心胸开阔、渴望玩耍、渴望真正与他人建立连接。

我的角色 4 接纳一切，不做任何评判。我感激我那 50 万亿个细胞，因为它们的无缝合作，我才能存在，才能在这里同你们分享。

我感激我自己的四个角色，也感激你的四个角色。正因为彼此感激，我们才紧密连接。就像是给手机充电，我们彼此识别，但如果我们不把插口对齐、建立起稳固的连接，能量就不会从插座流入手机。你可能识别出了我体现的是哪个角色，但只有你感激她的价值，感激她的存在，我们才能彼此"对齐"，建立持续而有意义的连接。

I=Inquire（探究）

探究并邀请四个角色进行对话。

我按下暂停键，专注于呼吸，识别出自己和他人体现的是哪个角色，然后感激我们所体现的那个角色。现在，角色对话应该让四个角色集体探究下一步的最佳行动是什么。彼此关爱，就会好奇，好奇就会探究。通过角色对话这个工具，我们的四个角色聚在一起畅所欲言。我们探究，首先是观察自己，再观察他人，然后观察自己对他人做出的反应，最后观察他人对我们做出的反应。

例如，我走进房间，看见一对夫妻在争吵，两人体现的都是角色2。此刻，我的四个角色最好悄悄举行对话，探究接下来应该选择怎样做。我的角色4已经感知到紧张的气氛，因此，我的角色3就应该出来说点儿好笑的话，缓和紧张的气氛。如果我和她俩不太熟，这个策略就可能失败。因此，最佳的方案可能是选择让我的角色1上线，让她去解决问题并提供必要的帮助。

不久前，我驱车行驶在公路上，前面的那辆车突然转向，撞上了一只兔子。我接近时看见那只兔子明显受伤，不过还没有死去。此刻，我感觉情绪上涌，我本能地邀请我的四个角色加入对话。在探究过程中，她们彼此分享。小阿比感到巨大的悲痛，不知所措；角色1海伦得决定是掉头回去帮助小兔子，还是继续往前开，因为后面跟着一个不太耐烦的司机；皮彭心想：我的大脑里没有兔子；蟾蜍女王选择在内心拥抱兔子，就此结束了探究。我的四个角色一致同意默默祈祷，把爱送给那个小生命，不管它的命运如何。

如果我大部分时间体现的都是角色1，那选择经常探究就不是我的天性。我们的角色1忙于完成工作，不会探索新的可能性，因此，鼓励我们的角色1暂停下来，进入对话模式，然后探究其他角色的看法，这种做法常常会带来帮助。探究的时候，我好奇自己是哪个角色，也好奇你体现的是哪个角色。当我们感到好奇、彼此探究时，我们的角色3和角色4就上线了，这两个角色可以提供新鲜的视角，让我们在神经学层面重新启动。

探究是我们给予他人的宝贵礼物，让他们知道我们可以建立真正的连接。探究自己和他人，我们就会接纳、鼓励和邀请彼此的四个角色进行对话，选择与生活博弈的下一步战略行动。当人感觉难受的时候，角色对话尤其重要，因为这样做可以邀请彼此的四个角色都参与对话，贡献各自的独特见解。

N=Navigate（掌控）

掌控我们的新情况，四个角色各尽其力。

要进行角色对话，我们首先就得有意识地选择按下暂停键，深呼吸，将自己带入当下的意识前沿。然后，我们识别自己展现的是哪个角色，感激这个角色的独特技能，知道其他角色随时都可行动。接着，我们的四个角色进行对话，集中探究当前的状况。现在，我们的四个角色应该作为一个团队掌控我们的新现实。

生活是一个移动的靶标，唯一不变的就是改变。角色对话可以让我们有意识地移出自动反应天性，有目的地选择自己想成为哪个角色、如何成为这个角色。我们的环境随时都在改变，因此，选择对移动靶标做出静态反应，结果肯定是失败。

我们要想取得成功，我们的四个角色就需要随时掌控我们的生活，灵活地应对他人体现的任何角色。例如，我刚买了一件衬衫，离开商店走到停车场时，才发现衬衫上有污渍。那一刻，我的四个角色自然会各有看法。"阿比"感到不满和气愤，"海伦"要立刻回商店去退换，"皮彭"开心地看着这一切，"蟾蜍女王"知道我们时间充足，一切都会好起来。

在探究过程中，我的四个角色一致决定，这是"海伦"擅长的任务，于是，我们在"海伦"的带领下返回商店退换衬衫。在客服柜台，我们可能遇到任何角色。角色1店员会选择陪同我走到衬衫销售处，帮助我找到要更换的衬衫，因为她以顾客为重，希望我满意；角色2店员会遵守规定，坚持让我填写退货登记表，然后我得自己去找一件新衬衫，重新排队购买；角色3或角色4店员会挥手示意我进去，非常便利地更换衬衫。不管遇到哪个角色，我的四个角色都能灵活掌控新情况。如果我们遇到的是角色2，"海伦"就会压制"阿比"，深呼吸，而"蟾蜍女王"会选择表扬这个店员，说些善意的话。根据我们遇到的是哪个角色，我们随时都可以选择自己是哪个角色。

我们确实能够选择自己要成为哪个角色、如何成为这个角色；我们掌控自己大脑的能力，远远超过我们已有的认知。我的好友威廉·尤里在他的著作《内向谈判力》（*Getting to Yes with Yourself*）一书中分享了这样的策略：进行紧张的谈判之前，先去阳台。借用四个角色的话说，比尔这是鼓励人们进入角色4意识，带着全局观进入谈判。愿意探讨双方的共同点，找到避免情绪化的方法，我们就能够掌控谈判进程，获得双方都满意的结果。

重启连接：观察自己和他人的角色

如前所述，感到痛苦的时候，四个角色对话是我们可以经常使用的强大工具。我每天都多次使用这个工具，了解自己的生活表现。经常使用这个工具，强化该回路，我就能随时召唤我的任何角色。我得说，观察自己的角色表现真的很有趣。

此外，我还分享了我如何在极度痛苦时使用角色对话这个工具，他们如何在我最需要的时候抛给我救生索。"B-R-A-I-N"（大脑）这个缩略词会提醒我：我的四个角色随时都在，哪怕我无法感觉到她们的存在。它锚定了我的认知：我不孤单，我一切安好。

感觉痛苦或发生冲突的时刻，角色对话也是我们和他人重启连接的强大工具。要记住：每两个人建立的关系中，都有八个角色在争抢"麦克风"。八个角色相处时，我们的角色2常常会被意外触发。虽然角色2的情绪只需要90秒钟就会消散，但如果我们在仍然感觉脆弱时就重新连接对方，角色2就会被再度触发。

发生争斗时，我们要意识到：我们和对方之间的空间也和我们一样充满能量。关闭神经回路，就如同关闭电路，只需片刻，能量就会消散、中和。重新进入紧张或有害的环境之前，我们的四个角色需要一点儿时间才会重启。

因此，正确的做法通常是在我们和对方之间建立物理空间，哪怕这意味着我们要进入别的房间。

其次，如果双方都能识别自己的四个角色，都愿意进行角色对话，那就迈出了正确的、重启积极连接的第一步。即使只有一方愿意走出自己的角色2意识并进行角色对话，那也有希望重新建立连接。不过，我想再次强调：两个角色2永远无法找到解决办法，除非有一方愿意走出自己的角色2意识并体现其他的某个角色。

不管你是受到他人的挑战、情绪被触发，还是处于紧张的环境，角色对话都会给予你强大的重启机会。实践证明，"B-R-A-I-N"不但是保持正常而健康的生活的强大工具，还会像一束霓虹灯光那样穿透有害的负面情绪迷雾。当你需要在绝望的环境中拯救自己时，请让这个工具成为你的心之锚。

后续内容提示：四个角色的生活实践

至此，我们已经逐一地详细考察了大脑的四个角色以及角色对话作为危机管理和日常生活工具的诸多益处，现在，我们来深入讨论这四个角色如何运用于不同的生活领域。我称之为"四个角色的生活实践"。

在第9章，我们将探讨四个角色之间的紧密关系以及他们如何关联我们的身体、如何照顾我们或健康或生病的身体。毫无疑问，大脑与身体之间的关系是我们最为重要的关系，四个角色看待、处理和维护这种关系的方式也都是可预测的。

第10章将讨论我们的四个角色在恋爱关系中如何与伴侣的四个角色互动。我们整个世界的运转，都围绕着我们如何与他人连接、他人如何与我们连接。四个角色的价值观各不相同，我们的生活、我们与他人建立的关系，都是基于这些价值观。本章将看看谁会吸引谁，哪些组合可能更相配，我们基于四个角色知识可以预测哪些互动方式。你也许可以识别自己的某些模式，希望能为你的恋爱关系提供某些见解。

第 11 章将从全新的角度讨论四个角色。通过健康的大脑看待这些内容是一回事，但我们将在本章讨论大脑如何管理酗酒、毒瘾或康复。在此之前，我们有关四个角色的讨论内容，都是通过建立健康的连接，帮助我们在大脑内部以及我们和他人的大脑之间建立起健康的关系。毒品和酒精会促使大脑细胞断连而不是互连，因此，它们不但会阻碍大脑的运转和功能，还会使我们的人际关系发生断连和脱轨。

我们还会在第 11 章探讨：了解四个角色如何有助于创造必要的条件，成功实施嗜酒者互诫会的"12 步方案"等康复方案。我们的大脑具有神经可塑性和神经新生性，因此，我们能够从毒品、酒精滥用等各种创伤中康复。随着我们深入挖掘大脑在康复过程中四个角色的情况，我们将讨论到嗜酒者互诫会的"12 步方案"、大脑角色对话和"英雄之旅"为何在诸多方面都是相同的历程。

最后，我们将在第 12 章拓展我们对大脑及其四个角色的视野，进入更广阔的人类图景。我们将通过代际差异看看美国过去 100 年来四个角色的演化情况。此外，我们还将讨论科技产品对我们的大脑及其四个角色的表达所带来的影响。我们将更好地理解我们在神经学层面，特别是在四个角色层面与我们的孩子有何不同。

读完后面几章内容，不管是哪个主题，我想你都会发现每个角色的行为既有一致性，又有可预测性。此外，你还会很容易识别自己的态度和行为。需要指出的是：在不同的环境中，你可能会识别出自己的多个角色。虽然我们每个人都有一个主导角色，但是我们在不同的环境中常常会体现出所有四个角色。这并没有对错之分，因此，我希望你对自己的了解会让你感到有趣。

请记住：虽然你会意识到自己倾向于过去的某些行为，但是你不必受制于过去的模式。我们很多人长期都在自动运行，以致损害了健康和幸福。你已经知道，你可以选择角色，你拥有四个角色选项，你可以进行角色对话，因此，你可能会决定选择新的角色。例如，如果你一直以来都是让角色2管理你的疾病，那现在你可以选择让你的角色1接管这个任务；如果你有年幼的孩子，而且总是用你的角色1教导他，那你可以尝试做些改变，让喜欢玩耍的角色3承担起角色1的这个任务。

我在前面提到，我们掌控自己大脑的力量，远远超过我们已有的认知。历史上有很多伟大的人物，他们不但经受住了可怕的事件，还成功战胜了它们，他们的情感和认知变得更加强大。据说，甘地因非暴力不合作运动而被鞭打，他宣称："没有我的允许，谁也无法伤害我。"事实上，他这是在宣称对自己大脑的掌控权。这就是我们四个角色的终极力量。

内心和平其实就在一念之遥。

它随时都在那里，
你随时都可拥有。

下 篇

四个角色如何影响我们的
生活和人际关系

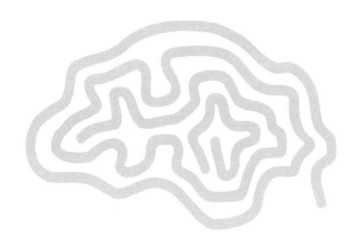

9

连接自我：四个角色
如何控制身体

我们是宇宙的生命力，
拥有灵巧的双手和认知的左右脑。

毫无疑问，我们拥有的最重要的关系，是我们的大脑与身体之间的关系。我们的四个角色是如何看待这种重要关系的呢？

- 角色 1 将身体视为工具。
- 角色 2 将身体视为责任。
- 角色 3 将身体视为玩具。
- 角色 4 将身体视为心灵圣殿。

角色 1

角色 1 将身体视为用来完成任务的工具，因此，他们会密切关注身体这部机器的运转情况。相较于爱护汽车或其他机械的方式，角色 1 每年都会进行常规体检，确保身体的各项功能都能正常运转。角色 1 喜欢获取信息，相信知识就是力量。他们的目标是将问题消灭于萌芽状态，因而会有目的地进行定期检查。

角色 1 热衷于与医生建立关系，因为身体有问题时，他们喜欢咨询权威专家，然后自己也变成专家。只要效果好，角色 1 不在乎花钱，他们关注自身健康，对保健感兴趣。他们密切关注这部机器的表现，因此，角色1具有很好的身体意识。他们经常留意自己的感觉，如果感觉不对，就会去检查身体。角色1对自己的身体负责，不会将这种责任转移给医生、教练。

角色1会参加健康筛查，总是提前一年就做好预约。他们坚持服用膳食补充剂，即使讨厌举杠铃，但只要觉得举杠铃对保持身体健康有帮助，就会起身去健身馆举杠铃。他们将定期健身纳入日程安排，并为自己的这个正确决定感到自豪。他们是完美主义者，总是挑剔自己的外表，因此，他们拥有很强的动力保持身材，让自己看上去漂亮。这个群体计划着活得长寿、有品质，因此，他们为自己负责，只要认为是对自己有益的事情他们都会去做。

角色2

如果让角色2负责我们与身体的关系，其管理身体的方式会与角色1截然不同。角色2几乎没有任何身体意识，因此，有关健康的一切都会让他们感觉恐惧和陌生。身体有着层出不穷的问题，因此，角色2是通过悲观失望的滤镜认知身体的。对角色2而言，整个医学界都充斥着坏消息，压根儿就不会有好消息，任何一丁点儿的不适，都会被视为可能是死亡判决。他们想到死亡就会感到恐惧，因此，在真正死亡之前，他们早已在心里死过千百次。

面对健康问题时，如果角色2上线，我们就会采取两种策略关心身体：要么把头埋进沙子，非常害怕年度体检，讳疾忌医；要么小题大做，经常去看急诊。更有甚者，我们的角色2会收集和分享不幸的故事：某人也有这种问题，回家后就去世了。角色2活在高度紧张和忧虑的状态中，他们一旦失控，身体就会加速疲劳和损耗。

角色 2 对健康筛查或健身不感兴趣，然而，只要有人愿意倾听，无须鼓励，他们就会经常抱怨自己身体疼痛。角色 2 不会及时关心身体症状，因此，对于慢性疼痛，他们虽然会一路小跑去急诊室，但事后只会采取最低限度的措施来帮助自己。如果因为朋友的劝告或某个员工健康计划而去看医生，他们可能会绕着医院走上 10 分钟，一旦感觉不舒服，干脆就离开。健康出了问题，角色 2 才会关注身体；健康没有问题，角色 2 就不会关注。因此，角色 2 会"坐在场下"，第一个告诉你为什么运动不是一个好主意。

角色 1 喜欢直接面见医生，希望成为治疗自身疾病的专家，而角色 2 则喜欢和更有空闲的护理师打交道，分享自己的病情。角色 2 更看重的，是和医学专业听众分享自己的痛苦，他们不关心医生的专业资质。

角色 3

任何东西，只要与医学有关，角色 3 都会感到兴奋，因为这些东西很有趣、很酷。角色 3 会说："哇，瞧瞧我身体的重要器官！"对角色 3 来说，身体就是一个玩具。身体是玩具屋，他们要玩耍、探索、呵护它。身体是如此奇妙的东西，角色 3 会说："瞧，我的脚趾！我兴奋的时候，它们会前后摇晃，就像是一条尾巴！瞧，我能跳得这么高！瞧，我能游得这么快！"

角色 3 具有深刻的身体意识，胜过其他的任何角色。他们关心力量训练、表现情况和精确计时。对于身体能成就多少、表现多好，角色 3 都感到好奇。角色 3 就活在身体里，推动身体获得最佳表现。"我知道，我 80 分钟内就能爬完那个小坡，那我背上 20 磅的东西能在 90 分钟内爬完吗？"对于角色 3 来说，健身是很有趣的事情，也是消磨时间的不错方式。

虽然角色3不会每年都进行体检，但只要有社区健康计划，他们就会加以利用。角色3以身体为乐，因此，他们天生就喜欢积极的生活方式。至于运动，角色3不只是去健身馆举杠铃，还会去户外做些有趣和冒险的事情。他们宁愿用重达90磅的石板建造一条石板路或去附近的公园攀爬岩墙，也不愿去健身房机械地健身。总体而言，角色3总是逼迫身体动起来，因突发病情或意外事件去看急诊的频率更高。

任何东西，只要与医学有关，角色3就会感到兴奋，因为这些东西很有趣、很酷。

角色3会说："哇，瞧瞧我身体的重要器官！"

角色4

角色4将身体视为心灵圣殿。因此，他们对生活的美妙馈赠心存感激，他们心态健康，功能正常，承担起关爱这座圣殿健康的责任。通过自我关爱，角色4滋养着自己的身体和精神。他们接纳全身性疗法和替代疗法，以此滋养自己的身体，激发自己的感知。

按摩、瑜伽、精油推拿等全身性疗法深受角色4的喜欢。只要有可能，角色4就会加入食品合作社，食用有机食品，以便尽量减少摄入有毒化学物质。角色4积极参加社区活动，支持当地农场主的农产品。他们的菜单可能包括也可能不包括麸质和动物食品，他们喜欢服用天然的膳食补充剂。

角色4会去看当地的针灸师、整骨师、脊椎按摩师和神经运动疗法师，并将它们作为日常保健的内容，尤其是身体出现状况的时候。只要天气晴朗，角色4就会去户外散步，还会躺在电视机前的地板上拉伸身体。你会在公园或社区附近看见角色4和朋友或宠物一起散步的身影。他们会停下脚步和松鼠交谈，拥抱熟悉的树木，向大自然敞开心扉，因为他们和所有生命都拥有深切的联系。角色4不但会记得带上还会沿路停下来购买好吃的东西投喂公园里的野生动物。这些随意的善行对角色4而言很重要，是他们健康快乐的直接源泉。

四个角色是如何管理疾病的

角色1

在疾病管理方面，角色1是见多识广的病人。他们开启线性思维和理性思维，自学成为专家。诊断疾病成为他们的"全职工作"，因此，他们能迅速评估疾病，了解与之有关的一切，然后绝对精确地管理疾病。以1型糖尿病等慢性疾病为例，为了管理这种疾病，角色1会不惜代价地改变膳食，避免摄入糖分。他们会了解自己的身体，渴望了解最新的技术和分析仪器，以便买到最精确的血糖监控仪以及可以通过手机APP及时收到分析数据的无管胰岛素泵。

角色2

在角色2看来，医学界都是坏消息，因此，1型糖尿病这样的严重疾病足以让他们感到崩溃，恐惧得无力动弹。他们会屈服，忧心如焚。他们把头埋进沙子，对疾病视而不见，尽可能地拖延时间。这些人会偷偷吃糖，根本不会遵守健康管理规定。这不是因为他们对糖尿病不在意，而是对不成熟的角色2来说，恐惧和焦虑过于强烈，使得他们无法清楚地思考应该怎样做才能恢复健康。

有些原本很健康的角色1、角色3和角色4生病后，会发现自己变成忧心忡忡的角色2，原因很简单：我们很多人对死亡都心怀恐惧。因为某种严重疾病而变为角色2后，我们更感兴趣的是如何逃脱，而不是如何帮助自己。请记住：我们角色2所代表的，是具有潜在自我毁灭性的幼童时期。

如果我们因为某种疾病而进入角色2，我们希望尽职尽责的角色1帮助我们或者希望角色4滋养我们。我们的角色2有时会将疾病管理这个不可能的任务强加于他人。当然，如果没有他人的合作，他们也会自己承担所有的责任。更糟糕的是，角色2对最新的医疗技术不感兴趣，部分原因是他们感觉会受到医学仪器的束缚；说直白点儿，如果有人在监测我们的血糖，我们就无法在糖分摄入上"作弊"。

角色3

角色3会想办法淡化糖尿病的严重性，会说："这没什么大不了的。"角色3不想放弃吃糖，因此，他们会想办法应对，找一些不会使血糖飙升的无糖糖果或饼干。他们会探究替代甜味品对血糖水平的影响，愿意使用最新的胰岛素无管泵技术，因为这种技术很酷、迅速和便捷。此外，角色3不会自律到每隔两小时就检测自己的血糖水平，他们将最新科技产品和手机APP视为自由生活的入场券，因而会随身带着它们。

角色 4

角色 4 想知道自己有哪些选择，且愿意和 1 型糖尿病人做朋友。这个角色关心自己的身体和精神的健康与整全。角色 4 会承担责任，采用替代性疗法管理自己的疾病。他们会去看自然疗养师、脊椎按摩师、针灸师以及各种能量疗法师。对于 1 型糖尿病，角色 4 和角色 3 一样，也会探究蜂蜜、龙舌兰花蜜、菊苣糖和椰子糖对血糖水平的影响。他们宽容自己的身体，因而会通过冥想来降低压力、血压和血糖水平。

角色 4 会定期运动和锻炼，以此改善自己的血糖数据。他们喜欢新技术带来的便捷性，会探究最新的检测仪器和胰岛素泵技术。角色 4 为自己负责，接受现实，愿意尽其所能地获得积极的预后效果。哪怕只有一线希望，角色 4 也会为拥有这个充满挑战的经历而心怀感恩。

四个角色是如何管理身材、饮食和节食的

角色 1

对于身材管理，角色 1 会尽职尽责，承担起管理身材的责任。体重达到上限后，他们会采取行动，不让体重超过上限哪怕一点儿。角色 1 非常自律，因此，对于运动和食量控制，他们会采取所有必要的做法，保持身体这个工具正常运转。他们很忙碌，要完成的事情很多，因而自然会有意识地管理自己的身体。

想要减肥时，角色1会计算食物热量，严格自律，控制饮食。他们将所需的一切放置于厨房，学习且擅长烹饪。他们会果断地开始节食，并建议家人一起控制饮食，因为他们善于帮助和支持他人。

角色2

角色2会被体重秤上的数字吓坏，然后开始寻找速效减肥的方法。任何节食方法都是惩罚，因为它意味着我们必须放弃某些喜欢吃的东西。因此，角色2会反抗节食，自欺欺人，因为他们认为自己无力抵御诱惑。角色2会尽量少花力气减肥，只要感觉不舒服或减肥无望，就会不停地哀叹，然后摄入更多的热量。体重稍有减轻，角色2就会抱怨："天啊，减肥差点儿要了我的命！"

角色2不太自律，不喜欢复杂的热量计算，但他们会尝试最新的减肥药或电子减肥仪。角色2喜欢购买包装食品，因为他们不想费力。角色2会挨饿节食，接着大吃大喝，然后又挨饿节食。如果角色2幸运地和角色1住在一起，角色1就会替他们计算热量，因而可能会减肥成功，但前提是角色1必须看管好食品储藏柜。

角色3

角色3会弄清楚每天能吃多少甜甜圈或冰激凌，然后进行足够的运动，确保体重不增加。这个角色会在当下疯狂吃喝，毁掉过去三天的节食成果，但为了弥补，接下来的三天里又每天徒步8000米。角色3会吃掉整袋薯片，然后接下来的几天里只吃蔬菜。如果实在要减掉一些体重，他们会吃冰果奶昔、蛋白奶昔或健康燕麦棒。

角色3能感觉到身体如何燃烧摄入的能量，因此，尽管他们不会计算热量，但会根据那些食物给他们的感觉而限制食物的摄入。角色 3 对所摄入食物的影响及其如何影响能量水平非常敏感。角色 3 会采用"南海滩节食法"，就因为这个名字听上去挺有趣："耶，我要去海滩咯！我在用南海滩节食法。你呢？"出于方便，他们会吃包装食品，但接着又吃素汉堡包，就为了看看放开吃再节食的减肥方法能走多远。角色 3 一般是看见什么就吃什么，因为他们随时都在活动，因而总是吃个不停。

角色 4

角色 4 寻求工作、家人、玩乐、朋友和信仰之间的平衡。他们会进行瑜伽、静修、按摩和冥想。他们一般不喜欢吃有面孔或会呼吸的东西，因此，他们往往都是素食主义者，或者至少会坚持摄入有机食物。体重稍有增加，他们就会控制食量或多吃蔬菜水果，以此减少热量摄入。

角色 4 知道，再怎么锻炼，也无法抵消不良饮食的影响。他们摄入更多蛋白质或纤维时会感觉更好，如果有必要，他们会彻底改变饮食方式。不管什么食物，他们都只会适量摄入。

四个角色如何对待医疗

角色 1

角色 1 喜欢直接寻求答案，因此，他们会径直走进医生的办公室，或者拨打医疗热线又或者接受远程医疗服务。角色1希望找医学博士，选择最好的治疗方案。他们想和医学专家交谈，因为他们希望详细了解疾病，然后自己也成为该疾病的专家。

对于配合治疗，角色1也同样直接。他们会遵循医嘱，配合医生的治疗方案。为了康复，他们会不遗余力。他们会毫无抱怨地改变运动计划和膳食选择。角色1将改变视为一种挑战，只要能恢复健康，一切都值得。

角色2

只要感觉不适，角色2就觉得自己快要死掉，因此，他们常常去看急诊，还会小病大治。他们和护士很熟，经常向护士求助。能做的检查，角色2都想做，就为了确保不会有任何遗漏，但他们心里总想着最坏的结果，因而会精疲力竭。

角色2会上网搜索指甲倒刺的发病率，只要有人愿意倾听，他们就会在餐桌旁谈论这个问题。虽然角色2希望确认自己的真实病情，但是他们不想听康复方案，因为医学和身体问题让他们感到恐惧和胆怯。医生建议改变的任何生活方式，都只会限制他们的生活质量，因此，他们不想听。

在角色2看来，改变膳食和生活方式是惩罚、自由的丧失、生活质量下降、自我牺牲，或者是又多了一件不得不管理的事情，令人讨厌。就算勉强愿意坚持治疗方案，他们也不会充满热情或坚持做好。

角色3

角色3会去就医方便、无须预约的保健中心。他们想找"急救医生"，这样就不必提前预约，临时就可看病。在这些保健中心看病便捷，角色3喜欢这一点。医生告诉他们康复需要注意什么，他们不必和医生建立联系。如果碰到的是护士，那也行，只要护士的专业知识能满足他们的需要。

获得处方或治疗方案后，角色3会利用现代技术设定日程安排，想办法康复。他们可能会严格坚持某些事情，而对于有些事情他们会突破限制。角色3会设定手机闹铃，提醒他们按时服药，弄清楚康复所需突破的限制。同角色1一样，角色3也会寻求最佳的治疗方案，想办法战胜疾病。角色3喜欢合作，因而会加入支持小组，通过团队的努力战胜疾病。

角色4

角色4非常喜欢全身性疗法。他们对身体具有全局性思维，希望付出最少的努力，获得最大的效果。角色4注重疾病预防，会寻求替代性疗法改善健康状况。角色4喜欢侵入性较小的替代性疗法，早在疾病发生之前就会进行健康管理。

角色4去医疗机构，只是为了缓解急性症状，然后就会寻求替代性疗法管理慢性疾病。例如，为了降低胆固醇水平，角色4不会服用他汀类药物，而会选择蜂蜜和肉桂粉。角色4不会选择高强度的体疗方案来恢复肩关节肌肉损伤，而是长期坚持神经运动疗法，直至完全恢复功能。

四个角色如何度过晚年：身体、心理、情绪和精神

角色 1

角色 1 会照顾自己，终身都在采取必要的措施维护身体机器。他们关心自己的身体，高度留意自己的衰老状况。他们注意身体维护，他们运动不是出于喜欢，而是为了获得效果。比如，角色 1 衰老后很可能会做面部拉皮手术，还可能会一直保留一套大学期间穿过的内衣，就为了看看现在是否还合身。

如果角色 1 在节假日期间大吃大喝，之后就会拼命减肥，因为他们具有严格的边界。如果角色 1 要接受关节置换手术，就会寻求最好的医生和最新的人工关节。他们会认真对待这种疗法，不断练习，欣然接纳这种新装置，然后回归生活，继续惯常的运动。

年迈之后，许多"硬角色 1"不再表达严厉的评判，而会表达更温和的感恩。有了这种转变，他们与自己的身体、自我、他人和信仰之间的关系自然会加深。在人生中，生命力会逐渐减弱，但退休生活也充满新的机会和选择。不管年龄多大，"硬角色 1"都会过着离群索居的生活，因为他们没有建立起充满爱的团体或圈子。"硬角色 1"所积累的财富可以买到很多东西，但买不到忠诚的钓友或护士的体贴。

角色 2

角色 2 细胞被"编程"为"恐惧—逃跑或装死"神经系统，因此，从神经学上讲，角色 2 天生就会接收当下信息，然后同过往的所有经历进行比较。角色 2 细胞会整理和匹配最糟糕的可能的结果，然后将这种

看法注入我们的当下意识。因此，我们会受害于丧失、痛苦、恐惧、焦虑、威胁等情绪，原因很简单：我们大脑的这个角色天生就是如此。

更为复杂的是，组成角色2的那些细胞还是专门设计来让我们感知自己是独立于周围环境的、固态的个体的细胞。我们存在于母亲子宫的那些日子早已远去，我们只感知被宇宙之爱包围的那种感觉的日子也已经远去。

如果将终身的健康和幸福交由我们的角色2负责，即使有可能获得健康，也要付出艰苦的努力。角色2将恐惧带至我们的意识前沿，让人感到窒息和退缩。毫不自律或不对体重增加设定上限，那谁也不会对身体负责。随着年龄的增长，年迈的角色2会活在往日的辉煌岁月中，与人分享他们过去的成就故事。

角色2感觉到疼痛，会以此为借口不再做事。他们关注的是自己不能做什么，而不是自己还能做什么。角色2会因为害怕而不敢通过手术植入假体（比如新的人工关节）。虽然他们会接受理疗，但只愿付出最少的努力应付，康复效果有限，却归咎于糟糕的医疗方案。

角色2要想优雅地老去，就必须改变心态，愿意接受其他角色的帮助以减少健康焦虑。就个人而言，我现在不喜欢去看医生，因为我的头颅曾被剖开，谁还想看见这样的事情再次发生呢？我的角色2认为，不去看医生，就不会有人发现我有问题，我也就不会再度经历那种事情。对吗？错了。我的角色2过于恐惧，她给了我无数借口拒绝预防性保健。

角色2认为我们是拥有自由意志的独立个体，我们为此付出的代价就是恐惧。幸运的是，和我们大脑这个角色共存的，还有我们的角色1、角色3和角色4，他们可以交流、阻止和整合我们的行为。谁也不会活着死去，因此，我们的四个角色一旦都认为我们的最终目标是好好生活、好好死去，就会权衡需要怎么做才能实现这个目标。

角色 3

角色 3 年轻时会肆意地糟蹋身体，侥幸希望自己无事，但在某个时候我们要意识到对自己的行为有所限制。年轻时，我们不会计算要喝多少水，喝水只是为了解渴。年迈之后，我们需要更关注健康而非玩乐，要重视健康风险。随着我们的角色 3 更留意身体的需求，限制自己的冒险行为，我们的整体健康会得到提升。

角色 4

年迈之后，角色 4 会密切关注身体发出的信号，然后从事有助于大脑提升身体意识的行为。我们神圣的角色 4 越强大，我们与物质世界的联系就越弱化。坚持做瑜伽、太极或任何基于肌肉群的活动，都有助于我们保持与物质世界的联系。年迈之后，我们的头脑自然会更多地进入神秘的精神领域，因此，有意识地选择让大脑多洞察身体，这是一个不错的主意。

我们已经探讨了四个角色如何对待我们的健康和疾病，现在让我们拓展认知，近距离地看看我们的四个角色如何对人际关系做出反应、关联和互动。

10

连接他人：四个角色
与亲密关系

我们是宇宙的生命力，
拥有灵巧的双手和认知的左右脑。

我们人类是社会性动物，然而，建立健康的人际关系也许是我们很多人所面临的最大挑战。无论我们对自己的独特行为多么宽容，他人的古怪行为都会带来全新的挑战。本章将聚焦四个角色在浪漫关系中的行为。每个角色的行为都具有一致性和可预测性，因此，推断他们在朋友、家人等情感关系中的行为是比较容易的。

显然，本章不可能全面讨论四个角色互动的诸多方面。不过，每个角色眼中的伴侣有何魅力、如何有预见性地选择展现自己需要什么、看重什么、寻求什么，在这些方面，我希望本章内容能对你有所启迪。

深入理解浪漫关系中什么会吸引四个角色，不但有助于你识别自己的优势和模式，还会帮助你更好地了解你的各个角色如何促成那些无法提供健康精神食粮的浪漫关系。好在我们人类具有成长的能力，只要知道我们可以选择自己的四个角色如何与他人相处，就会对我们有所启迪。

我们每个人都有四个角色，在浪漫关系中，我们大多数人都会来回转换不同的角色。我们会根据不同的情况转换自己的主导角色，这是完全正常的；要预测今后的行动，调整自己的行为，关键在于多留意自己的倾向性。我们不必重复旧有的模式，也不必固守破坏关系的行为。

亲密关系的多种模式

如果你谈过多次恋爱，很可能就爱过各个角色。根据现有的统计数据，你也可能结婚或离婚过一两次。在本章中，我们将探讨各个角色某些可预测的模式和相互作用的方式，希望可以帮助你识别自己以及交往对象的某些行为。

恋爱之初，我们会因为有人觉得我们值得被爱而快乐无比。我们认可对方，共同期望不用再独自面对生活中的酸甜苦辣。然而，随着时间的推移和阅历的增加，我们最初认为非常般配的情侣，他们的关系往往会变味。浪漫关系结束后，一定要明白发生了什么，关系为何会破裂，这样我们才能更注意自己的模式，下次才会选择不同的行为方式。

如果你谈过多次恋爱，很可能就爱过各个角色。

借助网络婚恋交友平台，我们很容易在短时间内结识很多人。要想想你的四个角色以及他们如何与他人亲密互动，帮助你迅速识别什么时候需要投入时间，什么时候只需要简单说一句："感谢你的到来。"

如果你对恋爱与大脑这个话题感兴趣，希望获得新的视角，我推荐你阅读海伦·费舍尔的著作。你会发现，我和她对恋爱的看法存在诸多重合之处，因为她在著作中也讨论了大脑解剖结构、环境与相互吸引。我相信，对于找到真爱，我们的大脑和价值观起着重要的作用。

有句老话说过：互补者相吸。仔细看看恋爱关系中的两个人，我们通常会发现，一方倾向于左脑主导型，而另一方则倾向于右脑主导型。

这种组合可以构成全脑，而且他们的兴趣、付出和家务分担也是可以预测的。这种情侣往往会依赖对方，而不是发展自己的独特技能。希望本章内容可以帮助左脑／右脑型情侣远离相互依赖、毫无成长的陷阱。

此外，虽然互补者在恋爱初期会相互吸引，但当初我们觉得可爱的那些小怪癖，后来往往会耗尽我们的耐心，激怒我们。我希望本章内容能为你铺平道路，为你全面理解自己过去、现在和未来的恋爱关系做出积极的贡献。

请注意：随着本章的展开，我所讨论的各个角色似乎是独特类型的人。不过，请放心：我无意表明我们每个人在恋爱关系或其他生活舞台中都只有单一的角色。此外，每个角色都有权以自认为合适的方式体现和表达自己，我无意损害和贬低他们的任何欲求或需要。

角色 1："我只要有价值的长期关系"

想一想，和角色 1 谈恋爱是什么样的。这个角色看重的是思维而非感觉。角色 1 擅长为生活提供外在的便捷，这对有些人来说已经足够，但要角色 1 保持激情和热恋，可能是一大挑战，需要持续不断地"谈判"。

角色 1 喜欢制作清晰的电子表格，哪怕是规划生活琐事或个人日程安排。他们预先想好人生的不同阶段应该是什么样的，而且必须坚持细节和预先安排。角色 1 需要清楚地界定恋情，以便控制风险，告诉家人和朋友自己恋情的具体进展。

因此，角色 1 会急切地界定恋爱状态：我们是随意约会还是认真恋爱？我们是忠诚专一还是利益交换的朋友？我们是要发展为恋人，然后订婚和结婚吗？如果是，那是什么时候？角色 1 会急切地确定和界定恋爱关系："你要我成为谁？做你的保护者还是拯救你？做你的玩伴还是挣钱养家？做性伴侣还是共同抚养孩子？"

角色 1 只有在可预测的结构中才会拥有安全感，因此，初次约会时，他们会安排时间、地点和约会项目。角色 1 非常注意自己的外表，注意自己的体味之类的细节，会有意识地表现出自己最好的一面。角色 1 约会都有一个目的：给对方留下好印象，希望对方给他们留下好印象。时间很宝贵，因此，这种约会更像是求职面试，而不只是出去玩逛的机会。

对角色 1 来说，发展有价值的关系很重要，因此，他们寻求的是终身伴侣。同角色 3 或角色 4 相处，角色 1 会感到兴奋和着迷，因而可能和他们谈恋爱，但角色 1 同可预测的其他角色 1 或角色 2 相处，往往会感到最舒服、最安全。

角色 1 和其他角色 1 在恋爱关系中会感觉舒服，因为他们发现其他角色 1 和自己一样可靠、可预测。不过，主导角色均为角色 1 的一堆对情侣必须愿意就各自的控制领域进行"谈判"，因为他们拥有各自的想法，都想发挥自己的能力。虽然角色 1 看重对方的角色 1 技能（尤其是更有合作精神的"软角色 1"），但他们可能和角色 2 发展恋情；角色 2 更喜欢"让位"，鼓励角色 1 占据主导地位。

角色 1 会有计划地和角色 2 谈恋爱，通常会拯救角色 2 于高度压力和极度焦虑的状态。角色 1 和角色 2 谈恋爱，会发挥其组织、自信、力量、忍耐等技能，帮助角色 2 生活得更有安全感。角色 1 利用其权威掌控局面、解决问题，使角色 2 生活得更容易，此时，角色 2 会拥有被保护感、安全感和被关爱感。

角色 2："我需要安全感"

角色 2 更喜欢选择角色 1 主导型的人作为终身伴侣，因为角色 1 可靠、可预测、有帮助。从共生关系上讲，角色 1 在帮助他人时会感觉自己很能干，他们擅长为他人付出和安排，他们满足于掌控恋情。因此，角色 1 和角色 2 是一对完美的、有安全感的恋人。

角色 2 也可能和其他角色 2 找到共同点并相处舒服，因为他们有着同样的恐惧：这个世界不安全，到处都是感情骗子。如果角色 2 长期处于肾上腺素枯竭和感情迟钝的状态，他们的默认情绪就是怀疑和恐惧。我们的角色 1 和角色 2 都擅长运行"零和博弈"的情感故事，也就是说，一方赢，另一方就会输。角色 1 和角色 2 都会保留"记分卡"，而且随时可以知道谁的得分领先。

角色 2 将生活视为艰难的谈判，因此，两个角色 2 会因为"我俩一起对抗世界"的受害者心理而结成情侣。不过，这并不意味着两人在一起会幸福或真的相互喜欢。虽然角色 2 情侣会相互抱怨生活多么不公平——还会向愿意倾听的人抱怨——但随着时间的推移，相互的敌意往往会占上风。即使是在公共场合，角色 2 情侣也会相互责骂、控制或批评，而且压根儿不明白朋友、家人甚至陌生人为何总是躲着他们，不愿同他们交往。

偶尔，角色 1 或角色 2 也可能发现自己喜欢活泼的角色 3。角色 1 或角色 2 喜欢清楚地界定情感关系的边界，而角色 3 最不喜欢被束缚。事实上，赶走角色 3 的，恰恰就是左脑角色需要定义关系。角色 3 只希望投入地恋爱，让关系随着时间自然发展。

角色 3："我这一生自由不羁"

角色 3 不会顾及社会规范，自由不羁，快 40 岁时还可能纵情玩乐。虽然他们会在法国南部"忠诚"地过一个浪漫的周末，但单配偶、至死不渝等字眼儿会让他们感觉是死刑判决，而不是幸福人生的誓言。享受多年的精神自由和随意恋爱后，角色 3 "玩家"可能会进入单配偶关系，但要让角色 3 走进婚姻殿堂并保持忠诚，这可能有违他们的本性。

角色 3 谈恋爱充满激情，因为肾上腺素的"冲击"让他们非常兴奋。角色 3 富有创造性，因此，更吸引他们的是多变性而不是可预测性，是可能性而不是可靠性。角色 1 和角色 3 谈恋爱感觉非常兴奋、刺激、充满诱惑力和活力，但"玩的就是心跳"充满很大的风险，因此，角色 1 很快就会感觉精疲力竭，更渴望安全感、平淡感。角色 1 会被角色 3 吸引，但他们一旦感觉身心疲惫，就会选择回归可预测的角色 1 或角色 2。

关于一种糟糕的关系模式，这里有一个角色 3 关系恶化的例子。角色 1 完全纠结于情绪，而角色 3 则陶醉于恋爱经历的刺激性。最终，角色 1 会对角色 3 的轻率随意感到恐惧，并转入他们的情绪角色 2。

因为恐惧而退入自己的情绪角色 2 后，角色 1 往往会感觉心神不宁，急迫地想"撤退"。他们踩下恋爱关系的刹车，拉开距离，以便重拾角色 1 的安全感。角色 1 转入其基于恐惧的角色 2 后就不再可爱，因为他们会变得充满控制欲、敌意和极度挑剔。

原本无忧无虑、逍遥自在的角色 3 将他们所爱的角色 1 的退缩视为恋爱关系的威胁，因此，他们要么保持自己的角色 3 并选择离开，要么转入其基于恐惧的角色 2。角色 3 转为防卫性的角色 2 后，会努力争取幻想中的恋爱关系，编织新的故事情节，打消角色 1 的疑虑，说这段关系值得挽救。如果角色 1 被说服，认为这段关系是其幸福所必需的，就会将这段关系置于其主导角色 1 之上，进而饱受情绪痛苦。

角色 3 也是如此。如果角色 3 看重这段关系，认为其情感幸福离不开这段关系，他们的角色 2 就会将这段关系置于其主导角色 3 之上，因而也会饱受情绪痛苦。

此时，角色 1 和逍遥快乐的角色 3 开启的这段恋爱关系，已经变成两个角色 2 之间充满对抗的僵局。当初由两个健康角色开启的这段关系充满激情、相互吸引，如今却充满痛苦和恐惧，随之而来的就是恼恨、妒忌和不满。

现在，角色 1 在这段关系中已经变成情感依赖型的角色 2，对他们来说，只有两个选择。角色 1 可以收复力量，撤退，关闭大门，挽救自己的身份认同和心智健全；或者，他们可以作为充满恐惧的角色 2 继续保持这段关系，受控于自己的需求，痛苦不堪。

角色 1 的运行心态是：离开就是放弃，胜者永不言弃，而放弃者永远不会获胜。因此，角色 1 可能会暂时关闭这段关系的大门，但实际上并没有彻底放手和永远离开。当角色 2 感觉急需和角色 1 的情绪"复航"和重联时，随着时间的推移，这段关系肯定就会进入痛苦和折磨的循环。此时，角色 1 会做出让步，其角色 2 重新开启关系的大门，并为此付出摧毁身心健全的代价。

忠于自我，为自己的情绪负责

恋爱时，不管角色 1 表现出哪个角色，一旦他们进入自己的情绪角色 2，就只能结束这段关系、回归自己的真实自我，或者作为痛苦的角色 2 继续保持这段关系。为了维持这段不健康的、妥协让步的关系，角色 1 会给出下面这些借口：

- 我不想伤害他 / 她。
- 我是他 / 她的全部。
- 我们在一起真的很好。
- 每个人都认为我们在一起很般配。
- 当初，我们的关系很完美。
- 我们的关系没有那么糟糕。
- 我只是需要付出更多。
- 关系会变好的，只要……
- 没有更好的了。
- 宁要熟悉的旧冤家，不要陌生的新冤家。

这里的教训是：为了保住关系，任何角色都会违背真实的自我并转入防卫性的情绪角色 2，此刻，他们就为"分离之墙"砌下了第一块砖。他们将自己的力量寄望于某人、某地或某物，这堵墙就会垒得更高；他们对对方寄望多少，他们的怨恨就有多少。

一旦角色 1、角色 3 或角色 4 陷入其角色 2 的情绪痛苦，他们就不可能感到快乐，除非他们回归自己的主导角色。处于争执中的两个角色 2 永远无法达成一致或长期和平相处。要做到那样是不可能的。一方必须愿意放下痛苦，走出自己的角色 2，然后才能伸出橄榄枝，进行开诚布公的交流、道歉、协商或和平相处。

冲突中的两个角色 2，一旦一方回归其角色 1、角色 3 或角色 4，另一方要么无法释怀敌意，不断地"啃噬那块骨头"，要么也会放手。关系结束后，如果一方仍然抓住其角色 2 的痛苦不放，则可能几十年后还耿耿于怀，每当想起对方，立刻就会变成角色 2。关系结束后，要想真正地自愈，双方都需要回归其主导角色，让这段关系在友好、原谅和感恩的氛围中结束。

我们作为全脑人的成长潜能，在于我们能够走出自己恐惧和痛苦的情绪角色 2，进入自己的主导角色 1、角色 3 或角色 4。不过，要做此转换，我们必须首先能识别自己何时被角色 2"劫持"。我们的角色 2 上线后，我们就会战斗、逃跑或装死，此时，要学会如何拯救自己，这也许是我们每个人都应该学会的最重要的技能。

如果角色 2 碰巧是你的主导角色，那你可能会和角色 1 恋爱，因为角色 1 会让你感觉安全和可预测。主导角色为角色 2 的人会选择和角色 3 恋爱，因为角色 3 让他们感觉兴奋、轻松和快乐，但角色 3 很快就会离他们而去。主导角色为角色 2 的人也会发现角色 4 很有吸引力，因为角色 4 带给他们"世界一切皆好"的感觉。

不过，默认主导角色为角色 2 的人要意识到：任何关系——或者其他任何外在因素——都无法保持其内心和平。无论什么时候，只要我们的角色 2 将体验快乐的能力寄望于他人或其他外在因素，我们就会深深地陷入同这些快乐之源的相互依赖关系。不管我是谁，我都不必然让你感到快乐、悲伤或疯狂。

我们每个人的情绪都由自己产生，我们每个人都为自己大脑运行哪条回路负责。

角色4：每个人内心都拥有的情绪稳定力量

真正的角色4是我们每个人内心深处拥有的情绪稳定的力量，这个角色为世界带来爱。角色4被某人吸引，想拥有一段恋爱关系时，只要能保持自己的健全，他们就会凭吸引力行事。角色4从全局视角观察生活和恋爱关系，他们关心恋爱关系带给双方的能量。角色4会问："这段关系会赋予我生命活力，还是会耗尽我的能量？"

角色4看见万物的美，但即使他们全身心投入，也不会容忍他人的缺点。角色4看重角色1的秩序和组织技能，而角色1渴望感受那些内心深处的感恩瞬间。角色4对角色1的思维能力着迷，欣赏他们对细节的掌控力。不过，如果角色1无法进入当下并时常体现自己的角色3或角色4，角色4就会感到厌倦，觉得这段关系缺乏真正的情感联系。

真正的角色4是我们每个人内心深处拥有的情绪稳定的力量。

恋爱时，角色2会问角色4："你需要我做什么？"角色4会回应说："我需要你存在。"角色1自然会反驳："我不知道如何存在，我只知道如何做。不过，我爱你，我会尽力的。"此刻，角色1不再忙于做，开始忙于存在。角色4希望双方都感受到真正的联系，因为他们相信，如果他们愿意享受过程，而不只是急于获得结果，角色1就能成功，也会成功。

角色4深信，不管我们是谁，也不管我们是否有钱，我们都是完美的、整全的、美丽的。角色4带着诚恳和爱意进入关系，而角色1和角色2带给角色4的是评判、批评和失望，因此，可以预料，角色4会摇头离开。

不管角色1或角色2对角色4说多少情话、送多少礼物，角色4都不会感受到被爱，除非双方都活在当下。如果角色4发现自己深陷于不健康的关系，为了感到更和谐，他们可能会转入自己的角色1或角色3，也可能转入自己闷闷不乐的角色2并感到孤独。遗憾的是，我们常常为了维持关系而违背自己角色4的和平天性。

角色4和角色2恋爱，会为角色2提供情绪支持，同时要求角色2为自己的情绪不稳承担某种责任。角色4会以身示范什么是令人满足的、富有深刻意义和无限可能的生活，而角色2只能短暂体验那种极致的愉悦感。最终，角色2会本能地推开角色4，以保护自己内心的"零和博弈"故事，在这个故事中，幸福是有代价的。对角色2来说，角色4那种全局性的、宇宙般辽阔的思维似乎过于乐观，而不管自己怎么做，最终都无法获得那种内心和平。

如果你的主导角色被"劫持"

恋爱关系面临种种考验时，如果你的主导角色1、角色3或角色4被你的角色2"劫持"，那么应该如何找回健康的自我呢？有时候，正确的做法是治愈不健康的关系，尤其是在双方都成熟，都愿意忍受自尊的煎熬、消除痛苦并回归健全的自我的情况下。不过，如果双方都不愿意为自己的角色2承担责任，那最好的做法是离开，为了自己的心理健康和快乐而放弃这段关系。

我们作为全脑人的成长潜能，在于我们有能力移出自己的情绪角色2，我们可以训练自己的健康角色识别自己何时被角色2"劫持"。在恋爱关系中，如果你发现自己陷入角色2的痛苦而且无法切换回健康的角色，请回去阅读讨论角色对话那一章的内容。内心和平其实只有一念之遥。角色2上线时，我们有能力拯救自己。练习角色对话，可以强化大脑回路，让我们更快地自愈。

至此，我们已经探讨了四个角色如何连接我们的身体，如何在浪漫关系中连接他人。现在，我们来看看，我们的大脑完全失去连接能力后会发生什么情况？我们的四个角色如何制定成功康复的战略？

11

大脑与自控力：
断连与重连角色

我们是宇宙的生命力，
拥有灵巧的双手和认知的左右脑。

我在最初那几章里谈到，单细胞生物的生命意义，似乎就在于能够刺激外界并被外界刺激。单细胞的半渗透性细胞膜允许某些物质进入，同时将其他物质挡在外面。此外，该细胞膜还点缀着独特的感受器，能让细胞吸引外界的某些物质，同时又像两块相斥的磁铁，将细胞推向不同的轨道。

　　宇宙孕育出单细胞微生物后，不但获得了更高层次的生命秩序，还创造出使自己被刺激和愉悦的方式。通过半渗透性的细胞膜，宇宙的某个部分可以和其他部分分离，建立起原初的双重意识（生命形式与宇宙）。随着微生物的创造，细胞内的意识和宇宙意识就开启了交流。

　　这种对话类似于我们大脑内部的交流，只不过我们不是单细胞生物，而是多细胞生物。因此，我们的神经细胞存在于三个环境层面，而不只是微生物的内部世界和外部宇宙世界。神经细胞拥有一个与细胞外空间相分离同时又与之发生功能关系的内部世界。这个细胞外矩阵就是位于我们大脑内部不同神经细胞之间的空间；神经细胞之间的交流，完全依赖于这些分子（以及它们的电荷）的交流。

　　人类大脑的智力取决于大脑神经细胞之间连接的数量。从功能上讲，智力不只是靠大脑体积或大脑神经细胞数量产生的。要产生智力，神经细胞就必须通过连接，相互分享信息。

　　拥有很多神经细胞连接的大脑，就像是一个人拥有一台连接着互联网的电脑，相比之下，另一个人的电脑则没有联网。电脑连接着互联网的那个人可以访问海量的信息，而电脑没有联网的那个人只能访问自己电脑硬盘里储存的东西。类似地，我们大脑神经细胞之间的连接越多，这些神经细胞之间的交流就越多，因而知识"数据库"中的信息也就越多。此外，随着我们大脑神经细胞连接的增加，我们的思维和感觉能力的区分度和精细度也会提升。

我们的大脑天生容易"成瘾"

　　中风那天早上，我左脑的思维细胞和情绪细胞被切断后，我无法再获取这些细胞拥有的信息。因此，我失去了语言能力，也不能理解他人与我分离这一事实。我失去了与所有人交流的能力，因为我根本不知道他们的存在。

　　就其本身而言，失去我的左脑意识无疑是一段美妙的体验，但如果我要活着，要作为一个健康人在人际关系中发挥正常功能，显然我的神经细胞非常宝贵。我明白，我的世界观完全依赖于我的大脑细胞及其连接的健康状况。我努力了8年，才恢复了这些神经细胞连接，我不但认识到它们的价值，现在还尽我所能地保护它们。

　　然而，并非所有人都像我一样呵护自己的大脑神经连接。我们生活的这个世界，更看重的是我们拥有的外在财富和名望（角色1和角色2），而不是作为宝贵生命形式的自己（角色 3 和角色 4），因此，我们很多人不是在寻找生命的意义，而是选择逃避。

选择本章话题的时候，我知道，探讨我们的四个角色如何选择网站的电视剧或如何度假肯定会有趣得多，但我们必须在此探讨现在这个话题，因为毒瘾和酒瘾对我们大脑的破坏性最大。成瘾是一种漠视所有社会、经济或教育边界的疾病。不管是无家可归者，还是住在豪宅里的百万富翁，都可能存在这个问题。

有些人因为滥用烟草和酒精而损伤了自己的神经细胞，不但毁灭了自己，也妨碍我们保持健康的人际关系，甚至对整个人类的健康和福祉都造成了损害。一个健康的社会是由许多健康的大脑组成的，而一个健康的大脑是由相互交流的健康的脑细胞组成的。我们可以选择机械地活着，也可以选择更有意识地生活着。我们可以像微生物一样漫无目的地随风飘荡，也可以选择让自己的大脑进化为全脑。要做到这一点，我们可以采用角色对话这个工具，更有意识地过上有目标的、平衡的、有意义的生活。

想要怎样的生活，这是我们的个人决定；我意识到，有些人出于各种理由选择滥用烟草和酒精来逃避现实。不幸的是，我们的大脑天生就容易成瘾，我们与现实越断连，我们的脑细胞就越相互断连，我们的思维和感觉也就越僵化。我们的大脑运行成瘾回路时，我们就处于自动运行模式，因而是大脑回路在控制我们。我们根本无法有意识地生活，也无法选择自己是哪个角色、如何成为这个角色。如果你的大脑被成瘾控制，请不要担心，你可以获得支持，采用有效的工具恢复力量，打破这些细胞模式，过上自己想要的生活。

好消息是：神经确实具有可塑性，只要愿意持之以恒地努力，我们就能使自己的大脑康复、戒瘾成功。全球数百万人都在采用嗜酒者互诫会的"12 步方案"，努力恢复并保持神志清醒。在下面的篇幅中，我们将详细讨论有助于戒瘾的各种工具，包括"12 步方案"、角色对话、"英雄之旅"以及佛陀开悟之旅的故事。虽然这些工具和故事的表述不同，但都描述了相似的大脑意识转换。

接下来，我们将探讨与四个角色有关的成瘾与戒瘾问题，希望这能让我们获得一些洞察，了解如何有效地帮助自己、帮助我们所爱的人戒瘾成功。

成瘾如何影响我的生活

多年以前，我发现自己爱上了一个滥用烟草和酒精的人。我天真地要求他做出选择。让我感到难过和意外的是，我输掉了这场"赌局"。在嗜酒者家庭互助会的一次聚会上，我想知道我的生活到底发生了什么。这次聚会让我明白：我最重要的关系是和一个人的关系，而他最重要的关系是和烟草及酒精的关系。清楚地意识到这一点以后，虽然我感到心碎，但是更有勇气爱自己——放弃这段关系，选择自己的心理健康。

在此之前，我已经开始了大脑研究的学术生涯，重点是在神经解剖学和精神病学层面研究精神分裂症。那次严重中风后，我经历了艰难的大脑重建，这段经历让我感叹：生命和大脑这个美妙器官是多么脆弱和易受伤害。我那么辛苦才恢复了大脑健康，因此，我完全不明白，怎么会有人故意轻视和伤害自己的大脑细胞。

作为一个充满好奇心的科学家，成瘾一旦直接触及我的生活，我自然就开始探索成瘾对大脑的影响。我不但希望深入了解那些烟草和酒精滥用者的大脑回路在细胞层面发生了什么，还希望了解那些深爱他们的家人和朋友有何感受和想法。这一连串的问题不可避免地促使我研究"痛苦"这一古老的问题。人们为何会维持明显消耗生命的情感关系？同样重要的是，我们如何帮助那些自暴自弃的人？

作为一个充满好奇心的科学家，成瘾一旦直接触及我的生活，我自然就开始探索成瘾对大脑的影响。

中风之前，20 多岁时，我对薄荷醇香烟上瘾。因此，我非常熟悉我们为那些破坏性行为对自己和他人所编造的各种理由，比如：薄荷醇可以扩张鼻腔，因而我会呼吸更顺畅。我为吸烟寻找的最佳借口是：香烟让我的大脑慢下来，我的打字速度才能跟上我的思维速度。我借助烟草写论文。事实确实如此，不过，这个借口很糟糕。

吸烟的那 10 年里，我感到非常羞耻。毕竟，我正在接受医学专业训练，我清楚，吸烟不但会严重危害我的健康，还会严重糟蹋我的细胞。不管我觉得多么羞耻，都未能戒掉香烟。我戒过几次，但烟瘾比我的自律更加强大，因而会复吸。吸完一包香烟后，我又得从头开始抵御复吸的诱惑，我讨厌这种感觉。我是一个意志坚强的学者，却被这个四英寸长的东西控制，我为此感到极度痛苦。最糟糕的是，一旦吸烟，烟瘾会让我更加崩溃和绝望。烟瘾在我的大脑里根深蒂固，我感到非常痛苦，我憎恨烟瘾的力量。

最终，我一下子就戒掉了香烟，因为我母亲拥有无限的智慧，她提出，只要我今后不吸烟，就每天给我（快饿死的大学毕业生）10 美元。我的角色 1 马上就欣然接受了这个"诱饵"，我的角色 2 开始接受戒瘾治疗；三个月后，我戒烟成功，我高兴得拥抱了我的母亲。直到今天，我都非常感激母亲的"诱饵"，不过，即使是三十多年后的现在，烟瘾依然根植于我的大脑，我偶尔还会梦到自己吸烟。

我想强调的是，我完全理解，大脑成瘾是一种强大的毁灭性疾病。我绝不是在贬低这些疾病的体验或严重性，我尊重那些依然深陷于成瘾痛苦中的人，他们渴望获得解脱，他们生活在持续不断的恐惧中，害怕自己有一天旧瘾复发。

成瘾者的大脑角色是如何对话的

成瘾被视为一种家庭疾病。愿意停止评判、放下"刀剑"并采用四个角色进行角色对话，家人就更能理解成瘾者身上到底发生了什么。我前面提到的"嗜酒者家庭互助会"会为嗜酒者的家人和朋友设计特别方案，使用专门的术语。"嗜酒者互诫会"也是使用专门的术语。相比之下，四个角色采用常见的表述，成瘾者及其亲友都可以清楚和理解彼此的真实想法。

我们来举一个例子，借用四个角色的语言，看看嗜酒者的大脑及其亲友的大脑有着怎样的内部对话。

假设我是一个嗜酒者，喝酒时，我的大脑只关心醉醺醺是什么感觉。当我醉得像风筝一样自由高飞的时候，我没有意识到自己有四个角色，因为酒精的声音完全绑架了我的大脑，我无法理性思考。我的脑细胞烂醉如泥，因此，我感觉麻木，也无法再感受到任何真正的情感。就因为酒精，我和我的生活、痛苦、四个角色以及人际关系完全断连。

如你所料，由于酗酒，我的角色1会疏忽各种生活细节。喝得烂醉时，我会错过计划好的事项；我现身时不是最好的、清醒的我，因此，我的家人和朋友感到难过，觉得我一再忽视他们、不尊重他们。现在，我无法拥有正常的情绪（这也许是我酗酒的根本原因），我变得消沉和冷漠。我的大脑细胞很重要，但由于酗酒，我传达给它们的信息是：我不重视它们，我根本不在乎它们是否功能正常。由于我的大脑细胞受到损伤，它们与其他神经细胞的某些连接发生断连，功能正常的脑细胞数量减少，因而我的思维能力和情绪能力都变得更加僵化和闭锁。

想象一下：我的家人和朋友来找我，温和地说打算聚会，但我喝得酩酊大醉，身体和情绪上都无法参加聚会。此时，作为酗酒者的我的角色1上线，对我做出严厉评判，我开始质疑自己能否参加聚会，我不但再次让我深爱的人失望，也让我自己失望。我为自己不可原谅的行为感到痛苦，我让酒精掌控了自己，因此，我的角色1非常不满，我没有执行她（角色1）为我安排的计划。相反，我不负责任地放弃了自己的意志力，忽略了自己的健康，忽视了我最在意的那些人。我借助酒精关闭了我的角色1和角色2的声音，由此，我彻底抛弃了所有人，也抛弃了我自己。

在这场大脑内部对话中，我的角色2此时突然出现，感到悔恨不已，无法原谅自己，觉得自己是一个彻头彻尾的失败者。与此同时，我的角色2讲述说，我不同于那些不酗酒的正常人，他们根本不理解我。于是，我感到悔恨和疏离，因为我与众不同。他们可以随意去参加聚会，我却不能，因而我觉得自己孤单、痛苦。

我不但让自己失望，还让我的家人和朋友失望。我羞愧难当，因为这不是我的第一次"表演"，我感到非常自责。我陷入失望和绝望之中。我责怪自己软弱，无法抵御酒精的诱惑。我感到难堪，甚至恨自己。然而，我的大脑很兴奋，我的角色 2 就像高压锅，随时会因为强烈的怨恨和自责而爆炸。我对酒精上瘾，当然全都怪你！

然而，随后我睡了会儿觉，清醒过来，我的角色 3 重新上线，我又感觉精力充沛、心情舒畅。我现在想和你玩儿，于是，我俩和好如初，感觉好多了。我的角色 3 渴望和你恢复关系。他希望忘掉发生的一切，重新运行，这次我表现出的是你非常喜欢的角色 3，活泼、可爱、天真、富有吸引力。你的角色 1 渴望再次原谅我、相信我，因此，你同意了聚会计划。

我的角色 4 说，今天又是美好的一天，该怎样就怎样。今天是新的开始，今天我不会喝酒。于是，我俩和好如初，我们计划今晚去吃比萨。就这么简单，一切都很好。虽然你的角色 1 有些警惕，但他认为现在可以放心，于是你出门去上班。我的角色 3 去运动，然后我的角色 1 去上班，一切都正常，至少在我再次喝酒之前。

作为我的朋友或家人的你，你的角色 3 非常兴奋，因为我们要去吃喝玩耍，像过去那样交往。但你的角色 2 开始担心我会再次喝酒，于是你每隔一小时就给我打来电话，确认我在好好上班，也就是说，你在检查我有没有喝酒。然后，你的角色 1 中午跑回家，清理掉家里所有的酒，这样我吃完比萨后如果去你家，就不会受到酒精的诱惑。

然而，我突然感到饥渴，并为自己过去的行为感到自责和羞愧，于是，我的角色 2 提前到达比萨店，趁你还没到，我连喝了几扎啤酒。你的角色 3 到来，欢欣雀跃，兴奋地看着我，于是，我对你撒谎说，我只喝了一小罐啤酒。你的角色 1 渴望相信我，因此，你没有往心里去，你的角色 3 依然兴高采烈。

一切都很好，我们都为此感到高兴。等到服务员过来点比萨，问我们是否再来一扎啤酒，此时，你的角色 1 勃然大怒，对我猛烈抨击，你的角色 2 训斥我没有自尊、毫无自控力。顷刻间，你的角色 2 对我的酗酒行为非常生气，你开始哭泣，然后起身离开。我感觉你抛弃了我，于是，我的角色 2 又借酒消愁。我根本没有意识到，这一切都是因为我在选择喝酒的那一刻就抛弃了自己。

你感觉非常愤怒和痛苦，然后，你的角色 1 理性思考后说，如果你更频繁地给我打电话，或者控制我的金钱、时间、交友，等等，也许我就不会酗酒。

然后，你的角色 2 上线，责怪自己没有帮助我戒酒或没有尽力控制我。你的角色 2 剖析说，你知道你不能相信我，然后又责怪自己相信了我。此刻，你的角色 2 感觉被抛弃，对我进行负面评判，甚至用恶毒的语言攻击我。你的角色 2 深陷痛苦之中，感到羞愧、无力和自责。你非常清楚，你最担心的是我会死于酗酒。

每个角色都要参与

酗酒者与其亲友之间经常出现这种互动方式。酗酒者的角色 2 说："我的家人和朋友，我怕你们，因为如果你们发现我又喝酒，就会批评我，我最害怕你们不再爱我。"于是，酗酒者的角色 1 决定欺骗，隐瞒自己喝酒的事实。他们会巧妙地撒谎，最糟糕的是，他们会操控我们，让我们以为是自己想错了。

为了掩饰自己，酗酒者的角色 2 会故意破坏情感联系，而他们的家人和朋友的角色 1 会参加嗜酒者家庭互助会的聚会、接受心理治疗，想尽办法解决这个问题。酗酒者会声称："帮我戒酒？帮助我？你凭什么认为你有这个权利？"

根据我们对大脑及其四个角色的已有认知，我们有把握认为：使我们情绪上瘾并对烟草或酒精成瘾的，就是我们左脑和右脑的情绪中枢细胞。也就是说，康复计划要取得成功，我们的角色2和角色3都必须参与，承担起情绪工作。如果他们不愿意参与，康复计划就不会产生持续的效果。

当瘾君子或者酗酒者凭借其角色1的过滤力量努力推进康复计划，他们会赴汤蹈火，脱胎换骨，说到做到。对角色1来说，这种康复是成功的，即使他们曾经选择滥用物质而完全忽略了情感关系。请记住：我们是会思维的感觉动物，不是会感觉的思维动物。虽然我们的角色1可以帮助我们转变观念和行为，但是这并不足以让我们获得真正的康复。一旦角色1陷入低谷并让位于情绪角色2，烟瘾或者酒瘾就可能复发。

烟瘾和酒瘾是随时都会爆发的危机，虽然"12步方案"每天都会重复，但成瘾的生理诱惑不只在于当下的选择（角色3），还在于我们过去的痛苦、内疚和羞愧（角色2）。更严重的是，成瘾已经改变了我们的大脑结构，可能造成了细胞层面的损伤，使我们脱离了生活中诸多有价值的东西。因此，虽然角色3绝对需要参与康复——因为我们需要他们帮助我们在当下做出正确的决定——但是握着成功康复钥匙的，是我们的角色2。如果康复计划要想持续，我们的角色2就必须愿意参与康复过程。

如果我们更具体地看看成瘾与康复之间的关系就会发现，尽管我们的角色1或角色3不辞辛苦地执行着康复计划，但我们可能只是表面上"干净"。如果我们的角色2不加入并积极地参与康复计划，我们就会旧瘾复发。我们的角色1会加入，因为他失去的太多；我们的角色3会现身，因为他渴望连接，不想感觉孤单疏离。但如果我们的角色2没有放下怨恨、责怪和羞愧并让位于角色4，我们就不会有精神觉醒，也不会真正地脱胎换骨。

值得一提的是，康复中的成瘾者可能会模仿另一个在康复方案中找到内心和平、戒瘾成功的成瘾者的角色4。不过，虽然我们的角色4需要上线帮助我们远离成瘾疾病，但我们的角色2和角色3也必须密切参与康复过程，否则，旧瘾肯定会复发。我们是会思维的感觉动物，我们没有办法回避这一事实。

家人与朋友扮演怎样的角色

基于我哥哥的精神分裂症经历，我开始探究成瘾者的行为如何影响其家人和朋友的健康与幸福，我发现两者具有不可思议的相同之处。我们如何支持某个滥用物质或生病的人，同时又最大限度地降低那个失常的大脑对我们生活的影响，维护我们自己的心理健康呢？

处于关系中的两个人，往往会相互平衡。例如，如果一个人喜欢大手大脚花钱，他的伴侣就会予以平衡，花钱更保守。责任感也是如此。如果一个成瘾者不负责任，他的家人和朋友自然就会转为他们负责任的角色1，以便平衡这个"舞蹈"。需要指出的是，平衡某人的极端行为并不快乐，角色1会感觉是负担。如果"软角色1"被逼得走投无路，他们很可能转为"硬角色1"，从而加剧关系紧张。

我在家里有过这种亲身经历。我的哥哥确诊患上精神分裂症后，我和母亲不得不转入我们的角色1。我们一起帮助哥哥接受治疗，为他提供栖身之所，让他尽量保持精神正常，防止他进监狱。我俩有时候会成功，有时候会失败。我俩的角色1尽可能地管理好哥哥的疾病，由于我的哥哥无法自我管理疾病，这个责任就落到了我俩的肩上。酗酒者与其家人和朋友之间的对话，与我们这个有精神分裂症患者的家庭在很多方面都是完全相同的。

就酗酒而言，家人和朋友的角色1渴望与他们熟知的这个人保持联系，因此，他们会坚持努力帮助他们所爱的人保持清醒。如果角色1放弃了自己所爱的人，他们就不得不面对这样的可能性：他们与这个人所共享的一切都不是真实的，也没有任何真正的意义。这对角色1来说是毁灭性的，因为他们认为自己同这个人拥有亲密的关系，而实际上这个人心中最在意的却是酒精。

当瘾君子或者酗酒者迫于压力参加聚会和活动时，家人和朋友会开启他们的"硬角色1"，开始确立严格的规定。他们制订家庭计划，管理各种细节问题，营造完美的世界，要求这个成瘾者参加康复计划（或服药）。角色1会保护幸福家庭的形象，编造故事掩盖家人的不良行为，甚至为了保护自己而变成工作狂。"硬角色1"通常会选择旅行或加班，原因很简单：处理工作上的事情要比应对家里的成瘾者更容易。

家人和朋友永远不知道酗酒者何时会酒瘾复发，因而生活在巨大的压力之中。和成瘾者共同生活所带来的压力，可能会让"软角色1"变为"硬角色1"，因为驱动"硬角色1"的是基于压力的角色2。角色1会以自暴自弃的方式掩盖其角色2的痛苦。在生活中，家人和朋友会尽可能地保持神志正常，为了保持和平，他们往往会放弃自己的权利。他们像这样把头埋进沙子里，成瘾者自然就拥有了关系的控制权。可以想见，这是灾难开始的兆头。不过，只要成瘾者在执行"12步方案"、保持正轨，角色1的家人和朋友就会希望：有朝一日，这段关系会奇迹般地、自然地恢复如初。

角色1的家人和朋友非常清楚，和成瘾者谈判完全是浪费时间，但他们不会承认失败或放弃希望，而是拼命地抓住这个梦想。为了保护自己，家人和朋友的角色 2 会找到他们的角色 1 说："你需要更好地处理这个问题。我们需要更多的规定、治疗和康复。我们还需要赚更多的钱，才能消除成瘾者带来的压力。"就这样，他们很快就会允许成瘾者失业在家。

"硬角色 1"赞同这个疯狂的计划，因为对某些家庭而言，这种战略是行得通的，也是他们努力保持神志正常的方式。对"硬角色 1"来说，生活好比是 Excel 表格，只要更勤奋、更聪明，就会找到解决办法。遗憾的是，家庭已经变成了战场，谁也没有安全感。最终，"硬角色 1"会清醒过来，精疲力竭，意识到自己没有听从角色 4 的直觉，不经意间放弃了自我。

角色 1 和角色 2 不想放弃自己所爱的人，也不想承认自己的梦想会破灭，他们会拼命抓住那个梦想。然而，经历足够多的痛苦之后，角色 2 变得精疲力竭、焦虑抑郁，感到挫败和无力，此时，角色 1 就会认输。对角色 1 来说，希望的缰绳抓得越紧，就越可能许可成瘾者增加筹码，从而使他的戏码升级。

如何帮助自己摆脱痛苦、超越痛苦

很多方案被专门设计来帮助我们摆脱痛苦，恢复与自己和他人的认知联系。当然，根据我们的信仰不同，不同的方案具有不同的吸引力。有些社区方案，旨在恢复我们的认知稳定性、内心和平和神志。不管是战胜生活挑战，还是摆脱物质滥用，要走出创伤，进入更高层次的意识，都需要觉察、意愿以及基于开放心态的、发自内心的承诺。

如果你相信宗教教义，就会喜欢与你宗教信仰有共鸣的方案。同样，如果你认为自己相信灵修而不信仰宗教，那些采用灵修语言的计划就会吸引你。如果你是不可知论者或无神论者，也是如此。你会发现科学语言更适合你，因而能更有效地帮助你选择最佳的生活方式。

不管你有什么样的信仰和修行，不同的方案或意识形态所传达的信息都大体相同。要帮助自己康复，"英雄之旅"等方案所包含的基本信息和步骤对你的角色 1 和角色 2 具有天然的吸引力，因为我们的左脑角色喜欢挑战、探索和竞争。

佛陀的故事（请记住：佛教是一种修行）所采用的语言会吸引我们的角色 3 和角色 4，因为我们的右脑属于开悟和救赎的领域。

"12 步方案"所包括的康复计划直接作用于我们的角色 1 和角色 2，因为它要求我们接纳自己无力抵御诱惑，必须开放地接受"至高力量"（角色 4）的存在。

虽然这些意识形态对我们的四个角色的称呼各有不同，但其出发点和结果都是一样的。这些叙事的设计目的，都是帮助我们获得重要的认知，发生根本的改变。这些叙事都会带领我们走出角色 1 和角色 2，进入我们角色 4 的和平领域。"内心和平就在一念之遥"，这个角色对话概念既会吸引也会赋能给我们的四个角色，引导他们投入能量，成功合作。

我们每个人都会有问题，也都有情绪痛苦。佛陀觉醒过来，明白我们的痛苦根源是情感依恋。失去我们渴望抓住的东西、人、头衔和自由时，我们就会经历情绪痛苦。"英雄之旅"召唤我们开启一段伟大的旅程，最终走出我们的无知并进入智慧领域。而角色对话让我们的四个角色聚在一起，一致同意体现出最好的、最真实的自我。最后，"12 步方案"一步步地帮助我们迈向神志清醒和康复。不管我们倾向于选择哪条道路，也不管哪种策略和我们最有共鸣，只要我们的四个角色坚持努力，就会带来某种形式的"复活"，摆脱内心深处的痛苦。

说到痛苦，我们有专门发挥该功能的细胞。我们可以屈服于痛苦，纠结于痛苦，也可以努力超越痛苦。我们有些人会借助成瘾来摆脱痛苦，遗憾的是，这样做只会掩盖真正的、最终还是需要解决的问题。上述工具以及这里并未列出的其他诸多工具，虽然表述各不相同，但是只要认真使用，都会带来相同的结果。内心和平真的只有一念之遥，大脑健康的关键，就在于能够找到自己喜欢的工具并持之以恒地坚持运用。

虽然细节有所不同，但我们用来获得内心和平的那些步骤是一致的。首先，我们必须认识到自己存在问题，必须做出改变，然后愿意为改变做出努力。从一开始，我们就必须愿意走出左脑自我，进入右脑更高的意识或无意识领域。最为艰难的一步，往往是开启旅程，因为这需要我们认识并承认：要超越现在的自己，获得成长，我们的小我就必须靠边站。

说到痛苦，我们有专门发挥该功能的细胞。
我们可以屈服于痛苦，纠结于痛苦，也可以努力超越痛苦。

不管采用哪种方案，放下自我都会让人感觉是死亡，我们的左脑会拼命地维系自己的存在。我们的左脑不想将控制权交给未知，因为这样做会让他感到恐惧。就"英雄之旅"而言，这些都是必须战胜的怪兽。关于嗜酒者互诫会的"12步方案"，第1步和第2步需要我们承认自己无力抵御酒瘾的诱惑，需要"至高力量"（角色4）的帮助。为了获得开悟，佛陀不得不抛弃自己拥有的一切，包括知识、金钱、头衔甚至所爱的人。用"四个角色"的话说，我们必须愿意走出角色1和角色2，进入角色3和角色4的当下意识。

这些工具都需要信仰的跃迁。我们必须愿意超越已知的真理，接纳比我们更宏大之物的存在，它会拥抱我们，引领我们安全地进入未知。这是一个苛刻的要求，因此，我们需要知道：即使我们选择放弃自我，自我也随时都在，随时都可以重新上线。

"戒瘾"的关键步骤：升级版"12步方案"

纵览全书，我们已经提及"英雄之旅"的故事。加以深入探讨，我们就会发现，其步骤与嗜酒者互诫会和吸烟者互诫会的"12步方案"极其相似。这些方案都基于精神作用，已被全球数百万酗酒者和瘾君子成功采用。它们的组织方式，为成功而持续的康复之旅提供了详尽而且步骤清晰的路线图。

第一步就具有相似之处。用"四个角色"的话说，"12步方案"要成为有效的康复工具，酗酒者或者瘾君子就必须愿意走出自己的角色1和角色2，进入角色4意识，或者至少要相信他的存在和可及性。

甚至使用这些工具的最后一步看上去也是相同的。要完成自己的旅程，英雄必须回归自己的原有生活，完全意识到并愿意同他人分享自己获得救赎的智慧。对酗酒者而言，"复活"是有计划地、自发地缓解疾病，必须借助于"至高力量"（角色4）的持续维护，必须回归生活并将自己获得的信息传播给他人。

不管我们选择采用哪种方案，只要和"至高力量"/上天/宇宙（角色4）建立起健康的关系，我们就会密切地连接生活中所有宝贵的东西。我们与"至高力量"的这种关系，天生就会鼓励和赋能我们坚持实施自己所选择的方案，让我们持续保持神志清醒和内心深处的和平。

健康的大脑是由相互连接的健康细胞组成的。我们来详细看看嗜酒者互诚会的"12步方案"，同时参照"四个角色"寻求大脑健康的过程以及"英雄之旅"的各个步骤。我希望，随着你探索这些步骤和故事，你能实现自己的康复之旅。

第1步：承认自己无力抵御酒瘾的诱惑——我们的生活已经失控。

"四个角色"：

我的角色1是出色的"监工"，擅长管理我的生活细节。此刻，我的角色1承认我无力抵御酒瘾的诱惑，我的生活已经恶化到不可持续和失控的地步。

"英雄之旅"：

根据"英雄之旅"，我意识到我必须做出改变，踏上追寻之旅。我听见恶龙的召唤。

第2步：相信"至高力量"能让我恢复正常。

"四个角色"：

我的角色1已经承认：我的问题太大，自己无力解决。看看周围那些酗酒的人，我的角色1发现，那些积极采用"12步方案"的酗酒者都找到了戒酒的方法。我的角色1意识到，那些戒酒成功的人都和某个"至高力量"（角色4）建立了精神关系。与角色4建立关系，可以引发精神转变，带来深刻的救赎。此刻，我还无法完全理解这一点，但我知道我需要这种关系。

"英雄之旅"：

我意识到有一段追寻之旅在等待着我，我决定开启这段旅程，因为我做好了改变的准备。此刻，我开始和那些不想我改变的怪兽战斗，包括自我桎梏。我选择鼓起勇气，直面恐惧，听从"英雄之旅"的召唤。

第 3 步：决定将我们的意志和生活交给"至高力量"。

"四个角色"：

我的角色 1 和角色 2 一直过着以自我为中心的生活。

当我仔细审视自己的生活、坦诚面对自我时，我的角色 1 和角色 2 意识到：如果我真的想戒掉酒瘾，就必须搭上一辆比我自己更稳定、更可靠的"马车"。"12 步方案"鼓励我拥抱自我的"至高力量"（我自己的天赋异禀的角色 4，而不是别人的上帝），这样，我的角色 1 和角色 2 就可以放松地、有安全感地参与戒酒过程。我愿意把驱动生活的钥匙交给我的"上帝"（我的角色 4 意识），因为我的左脑角色此前经常让我的生活"马车"脱离正轨、跌入深沟。

"英雄之旅"：

要走出我角色 1 的理性意识，进入我的"至高力量"（角色 4）的未知意识，我就必须首先意识到：这是我想要的，我愿意坚持到底。随着我打败自己的怪兽，我摆脱了它们的控制，不再是恐惧的小我。

第 4 步：勇于进行自我道德盘点。

"四个角色"：

要净化通往我的至高力量（角色 4）的道路，我的角色 1 就必须长

期而艰苦地审视我走过的道路和生活观念。这些观念一直将我束缚于角色
2 的自我毁灭中，角色 2 的情绪伤口对我的毁灭起着极大的作用。我痛苦
的角色 2 为我挖掘了很多陷阱，我深陷其中，不断地迫使我偏离正途。

"英雄之旅"：

在我的"英雄之旅"中，我的角色 1 和角色 2 正视我的生活，我的
角色 2 为我生活中积累的怨恨负有完全责任。此外，我的角色 2 还为我
怪罪他人负有完全责任。随着我的左脑角色更有安全感、更清醒，我开
始拥抱改变生活道路的可能性和希望：没有痛苦和酒瘾的生活，远离这
些怪兽的生活。

第 5 步：向上帝、自己和他人承认错误。

"四个角色"：

虽然我还没有亲眼见到我的"上帝"（我的角色 4 意识），但我心胸
开放，愿意并随时准备采取所有必要的行动，和我的"至高力量"建立
起关系。我在生活中所犯的错误，全都归因于我的角色 1 和角色 2，我
要洗心革面，为进入我的右脑意识之旅做好准备。我见证过他人邀请
"上帝"（他们的角色 4）介入生活而戒酒成功。我将致力于这个过程，
随时准备走出我左脑的羞愧、内疚和痛苦，进入我右脑的"至高力量"
（角色 4）的意识。

"英雄之旅"：

我（英雄）拥抱这个脱胎换骨的过程，我必须经历这个过程，才能
成长到新的人生阶段。战胜过去那些阻碍我前进的行为怪兽，向他人、
自己和我的"至高力量"坦陈自己生活中的那些丑陋行为，借此，我有
意识地超越自己的痛苦，走出我的左脑自我，进入获得开悟的角色 4。

第 6 步：做好准备，让"上帝"清除我们所有的品格缺点。

"四个角色"：

我做过的所有选择，我的所作所为，我给他人造成的痛苦，我的角色 1 和角色 2 都为此负有完全责任。我的角色 1 和角色 2 真正原谅了我的缺点，我找到了内心的和平。我的角色 1 和角色 2 坦然承认，我过去的所作所为，是因为我内心感到痛苦；既然我已经承认并原谅了自己的缺点，现在，我不再因为它们而无法动弹，我能够迈步向前，和我的"至高力量"（角色 4）建立关系。

"英雄之旅"：

现在，我准备踏上我的追寻之旅。我已经直面自己角色 1 和角色 2 的缺点和不足，为自己此前的行为承担了责任。我已经原谅了自己，洗清了自己的过错。现在，我要开始真正的、持续的改变。作为"英雄"，我要超越我的左脑意识，进入我的角色 4 意识，存在于和平的、极致愉悦的"至高力量"（角色 4）意识之中。

第 7 步：谦卑地请求"上帝"清除我们的缺点。

"四个角色"：

我的角色 1 和角色 2 已经深入地审视自己，并为我的缺点承担完全责任。此刻，我谦卑地请求我富有同情心的"至高力量"（角色 4）进入我的内心，消除我的小我（角色 2）的痛苦，以我无法自愈的方式治愈我。我的角色 4 神圣般地拥抱着我，我感觉到内心深处的和平以及这个"至高力量"无条件的爱，角色 4 让我恢复了对新生的希望。

"英雄之旅"：

此刻，我已经做好所有的准备，我走出了我左脑的痛苦，进入我角色4的无意识领域。很快，我就充盈着宇宙的智慧，摆脱了左脑自我诱导的痛苦折磨。

第8步：列出所有曾经被我们伤害过的人的名单，并愿意弥补他们。

"四个角色"：

我和我的"至高力量"（角色4）开始交流，由此，我踏上了根植于新价值观的新道路。不过，要创建坚实的新基础，我的角色1和角色2还必须反思我过去道路上的那些陷阱，列出我偏离正途的地方，确定我过去伤害过的人。

生活在这个世界上，我无法远离他人，因此，我的角色1和角色2必须愿意弥补自己的过往行为，努力修正自己的过往错误。现在，我要请求他人的宽容和原谅，内心和平地走完这条新道路。唯有如此，我的角色1才能不再困扰于为自我价值行事，超越"我要成为谁才有价值"的纷扰。在此阶段，我实际上已经和我的角色4建立起关系并与之待在一起。我左脑的纷扰就此停止，我在右脑的和平意识中获得放松。

"英雄之旅"：

审视我的生活，我承认是我自己创造了那些挑战和怪兽，我被它们打败，造成了现在的局面。现在，我和我的"至高力量"（角色4）建立了关系并从中找到了内心和平，我该想想如何弥补那些被我变成怪兽的人。我需要原谅他人，也需要被他人原谅，这样我才能放下过往的负担，轻装前行。现在就列出名单。

第9步：尽可能地弥补那些人，除非这样做会伤害他们或其他人。

"四个角色"：

我已经同我的角色1和角色2达成和解，打开了通往我的"至高力量"（角色 4）的大门，如果我伤害过的那些人愿意接受我的道歉，原谅我过往的失检言行，祝愿我顺利戒掉酒瘾，那前行的道路就会容易得多。通过道歉消除我对他人造成的痛苦，我的角色 2 不但能走出愧疚，还能超越愧疚。只原谅自己的过去，这是不够的。我必须承认自己的过去，宽恕自己的过去，请求他人的宽恕，然后才能获得真正的解脱。

"英雄之旅"：

当我的角色 2 停止战斗，愿意出来弥补自己所伤害过的所有人时，我就战胜了那些我终生都在与之搏斗的真实的和想象的怪兽。当我的角色 2 能够放松地进入我的角色 4 意识时，我就获得了力量，超越我过往的愧疚，投入我"至高力量"的爱的怀抱。此刻，我接纳并原谅自己走过的道路，我从过去的痛苦中获得解脱，敞开心怀，拥抱当下之美。拥抱我的角色 4，就是拥抱神圣的自我，我从中找到了内心和平。

第 10 步：坚持自我盘点，一旦犯错，立即认错。

"四个角色"：

长期以来，我的角色 1 和角色 2 喜欢掌控我的生活，且非常擅长自动地、无意识地生活。一定要留意大脑的想法，这样我才能有意识地保护自己，避免回到那些当初诱使我酗酒的角色 1 和角色 2 的旧习惯。

我已经在我的角色 4 意识中觉醒，现在，我必须有意识地培育这种关系，强化这条神经回路。我们的大脑细胞通过神经回路进行交流，越经常运行某条回路，这条回路就会变得越强大。这就是说，我大脑长期运行的那些酒瘾旧回路一直处于连接状态。要削弱这些回路，远离它们引发的酒瘾，我首先需要保持清醒，然后坚持诚实地自我检视，有意识地强化新的回路。

我的角色 2 善于表达责怪、愧疚和内心深处的其他诸多痛苦情绪。

组成我角色 2 的细胞永远不会成熟，这意味着这些细胞天生就会随时运行我的酒瘾旧模式。我必须清楚，我的酒瘾回路永远存在于我的大脑，随时都会运行。正因为如此，我必须有意识地保护自己远离我角色 2 的酒瘾和恐惧，尤其是我感到饥饿（Hungry）、愤怒（Angry）、孤独（Lonely）和疲倦（Tired）的时候——根据嗜酒者互诫会的戒酒方案，也就是"HALT"（停止）。

"英雄之旅"：

我一旦结识了我的"至高力量"（角色 4）意识，我的精神就获得了洗礼，充满了美好。建立起这种关系后，我还必须培育和强化我与"至高力量"的关系，因为一旦我回归原有的生活，我的角色 1 和角色 2 马上就会重新上线，经受不住诱惑，又会重复原有的那些行为。

第 11 步：通过祷告和冥想，提升我们与自己所理解的"上帝"之间的意识联系，祈求他赐予我们知识与力量。

"四个角色"：

我留意并有意识地选择培育我角色 1、角色 2 与我角色 4 之间的关系，强化我大脑的这条神经回路。通过练习，我能够瞬间走出我的左脑角色意识，然后立即进入和平的角色 4 意识。这种角色选择能力，就是我掌控自我力量的方式，也是我随时选择自己想成为哪个角色、如何成为这个角色的方式。

"英雄之旅"：

至此，我已经找到超越我过去那些怪兽的方法，进入我旅程尽头的强烈自由感与极致愉悦感。精神觉醒后，我现在被我角色 4 的开悟所包围，我找到了渴望已久的内心深处的和平感与清澈感。我不但感觉更好，还感觉痛苦得以消除。此刻，我可以选择回到我以前的左脑角色生活并与他人分享来之不易的见解，也可以选择将这些新发现的智慧留给自己。回到以前的生活后，出于某种原因，如果我不继续运行这条新回路，我就会重新变成开启这段旅程之前的那个旧我。

第 12 步：完成上述步骤，获得精神觉醒之后，我们想办法向其他酗酒者传达这个信息，并将这些原则运用于我们的生活。

"四个角色"：

正如英雄带着新的智慧回归生活，康复后的酗酒者也是如此。酗酒者已经逃离其角色 1 和角色 2 的酒瘾诱惑，迈向角色 4 并从中获得救赎和自由。酗酒者现在可以自由地、有意识地过上新生活，且非常清楚，自己大脑的酒瘾回路依然完好地存在，酒瘾随时都可能复发。然后，康复后的酗酒者回到那些依然深陷痛苦之中的酗酒者群体，与酗酒者分享自己的见解与新智慧。经常有意识地选择重复本方案的最后几个步骤，自己就不会动摇或挣扎。康复后的酗酒者是宇宙的生命力量，能够有意识地随时选择自己要运行哪条回路、体现哪个角色。

"英雄之旅"：

正如酗酒者带着新的见解回归生活，英雄也是如此。回家之后，我选择和那些深陷痛苦之中的人分享我的洞见，带给他们希望，让他们迈向新的道路和更灿烂的明天。

角色对话、"英雄之旅"和"12 步方案"的力量

思考这些工具带来的深刻影响的时候，我只是在转换视角，选择内心和平而非恐惧和焦虑。这就是角色对话、"英雄之旅"和"12 步方案"的力量。坚持采用这些工具，信任宇宙的力量，我们生活中的一切就会改变，我们会感觉更好，因为我们已经转换了我们大脑运行的回路。

我在前文中提到，我父亲 80 岁时，他开着的那辆超酷的汽车发生翻滚，出了车祸。他没有当场送命，但接下来的 16 年里，我成了他的主要护理者。考虑到他的需求，我的角色 1 上线保护和照顾他。如果你曾经护理过某人，就知道那种压力会对你的内心和平造成多大的破坏。就我而言，虽然我感觉自己承担着所有的责任，但我实际上无力掌控他的行为。由于身体活动受限，父亲总是满腹牢骚；即使我尽力体现自己的"软角色 1"，他的角色 2 还是感到不满，对我的付出毫无感激。

当父亲对我替他所做的决定感到不快时，他的角色 2 就会对我咆哮。于是，我的角色 2 怨恨他选择了敌视我的角色 1 而不是体现他的角色 4 来感激我的付出。我主动承担起落到肩上的责任，些许的感激和支持对我大有帮助，会让我觉得自己受到赏识。你可能也有过类似的经历吧。

在此期间，我每天散步都会听玛丽安娜·威廉森的演讲，让我保持了神志正常。我急需找到健康的方法来消除我和父亲之间的敌意，于是，我将这个问题交给我的角色 4 意识，不再琢磨我们之间的问题。两个角色 2 不再争斗，相反，我邀请父亲参加绘画课，这样我俩的角色 3 就能拥有愉快的共处时光。我进入我的角色 4 意识来管理父亲的问题，这不但给了我战斗的勇气，还提升了我，让我能够俯瞰战场。在我左脑的评判和痛苦之外，获得这种帮助，为我俩开辟了直面环境改变和保持连接的道路。

人人都需要克服成瘾性

本章讨论的重点，是我们如何影响和提升自己大脑（和脑细胞）的健康和幸福，以便和他人建立起健康的连接并最终成为健康的、有贡献的社会成员。在"四个角色"层面，不管促使断连的原因是什么（成瘾或情绪痛苦），每个人的康复过程都是相同的。

我们每天都在生活，都在面对自己的挑战。将这些工具融入我们的日常安排，选择健康的生活方式，在不需要时也练习角色对话，这样做就可以强化神经回路，这样在我们需要时就可以运行该回路。那些采用"12 步方案"的人，经常重复第 10 步、第 11 步和第 12 步，就可以模仿我们四个角色对话时大脑的内部反思。

不管我们要康复的是成瘾和情感伤害造成的创伤、断掉的脚趾，还是失去所爱的人所带来的伤害，我们都能够随时进行自我盘点、反思自己的生活旅程。当我们选择进入充满爱和同情的角色 4 意识时，我们不但会感觉到被爱以及被爱的价值，还会融入我们爱的全知意识。作为人类，我们的首要职责是爱彼此；要爱彼此，我们首先要爱自己，然后连接他人。此外，尊重彼此的痛苦，我们也会获得成长。

后续内容提示：我们的大脑是如何进化的

本书的最终落脚点，是我们的大脑如何进化为全脑生活，我们如何通过角色对话增加我们四个角色之间细胞的连接数量。一旦我们的四个角色找到对话的路径，我们就可以有意识地随意转换不同的回路模块，自由地选择我们要成为哪个角色、如何成为这个角色。

下一章，我们将宏观地讨论过去 100 年来科技对人脑进化所产生的深刻影响。更具体地说，我们将探讨科技对不同世代普遍体现的四个角色所产生的影响，帮助我们理解代沟现象。

有些人与我们是不同的，深入了解和讨论他们的价值观和行为，关注彼此之间的相同点而非差异性，我们就可以学会连接彼此。不管是我们的大脑神经细胞、我们的家人，还是那些在社会、经济和政治问题上站在我们对立面的人，连接都需要能量和努力，同时也会丰富我们的生活。选择内心和平，选择宽容差异、和平相处，我们的大脑就会进化。

12

过去 100 年：四个角色
是如何变化的

我们是宇宙的生命力，
拥有灵巧的双手和认知的左右脑。

我们的大脑处于持续的进化状态，这种进化既受遗传因素的影响，也受环境影响。也许你不会想到，科技发展已经彻底转变了我们大脑的学习方式并最终改变了我们的价值观和生活方式。在此，我只想大致勾勒出美国过去 100 年来所发生的社会和文化潮流的画面，以及它们与科技如何影响我们四个角色的表达。

我将按照时间顺序，通过不同世代的滤镜呈现这部分内容。不管你在世界的哪个地方长大，代际差异都是真实存在的；科技进步对我们大脑发育的影响，也许会超乎我们的想象。越了解人际关系，我们就越擅长处理人际关系。我们有何不同、为何不同，希望有关这些问题的洞见能帮助我们更有同理心地处理个人和职场上的人际关系。

为了写作本章内容，我访谈了数十人，他们代表着在此提及的各个世代。幸运的是，本章写作期间，我的一位非常要好的朋友就住在老年人照护中心，朋友为我提供了许多聊友，既有大兵世代（GI Generation）的人，也有沉默世代（Silent Generation）的人。由此，我求助于各个年龄段的朋友，我的同事们也对我开放课堂，使我记录下许多精彩的对话。

有关四个角色及其与不同世代之间的关系以及过去 100 年来科技对我们大脑的影响的这场对话，首先探讨的是参加"二战"的大兵世代。

根据时间顺序，接下来我将探讨沉默世代，这个数量较少但非常重要的小群体出生于经济大萧条与"二战"之间（1928—1939）的困难时期。

接着，我们将探讨婴儿潮世代（Baby Boomers）的生活状况，这个群体数量庞大，出生于"二战"后（1946—1964），主要是大兵世代的子女。接下来是数量较少的 X 世代（Generation X），主要是沉默世代的子女，出生于 1965 年至 1976 年。数量庞大的千禧世代（Millennial）是婴儿潮世代的子女，出生于 1977 年至 1996 年期间；Z 世代（Generation Z）是 X 世代的子女，出生于 1997 年至 2010 年，写作本书时，他们还是青少年。2010 年之后出生的孩子被归入阿尔法世代（Alpha Generation）。

每个世代时间跨度的具体年份并不是绝对的，参考来源不同，会稍有差异。此外，那些出生于两个世代之间的过渡年份的孩子，其世代群体的归属取决于哪些外部因素对其生活影响最大。

大兵世代：战争下的大脑

大兵世代出生于 1901 年至 1927 年。他们经历过各种社会和经济灾难，包括"一战"（1914—1918）、西班牙流感大流行（1918）、华尔街股灾（1929）及其引发的经济大萧条（1929—1939）。

1939 年"二战"爆发时，大兵世代已经成年。很多人放下生活中所从事的职业，加入劳动大军，支持抗战事业。在海外和国内的工厂，大兵世代的男男女女为了抗战而团结在一起，组织起来，学习新技能，为他们所相信的正义事业而战斗。作为强大的角色 1，这个世代的人凝聚力量，整合资源，团结协作，结成一个大家庭，为了他们所爱的家人和国家甘愿牺牲生命。他们的唯一目标是为自由而战，将世界从邪恶的纳粹统治中拯救出来。感谢这个世代的人们，面对挑战，他们勇敢地站了出来，我们今天才能过上自由的生活。

大兵世代采用传统的教学工具学习左脑技能，这些工具包括阅读、写作和算术书籍。不过，根据美国商务部人口普查局发布的《美国教育120年：统计肖像》中的统计数据，1940年完成4年中学教育的25岁以上美国白人男性和女性所占比例不到30%。对于黑人和其他族裔美国人来说，这一比例不到10%。这意味着，1940年绝大多数美国人学习生活技能不是通过书籍而是通过实践（右脑领域）。通过学徒工作或其他经验性策略学习技能，大多数人的右脑都得到了很好的训练。因此，大兵世代基于其角色1和角色4的价值观建立了非常平衡的经济和社会体系。

沉默世代：被看管，不被倾听

这个小群体出生于1927年至1945年，差不多就是经济大萧条时期，他们还太年轻，无法积极地参与"二战"。"二战"爆发之前的那些岁月，生活惨淡，很多家庭失去居所和财产，甚至食物也很难获得。这段岁月原本就已经艰难，紧接着就是"二战"，约有40万美国人在战争中失去了生命，而教育不是社会的优先事项。因此，同大兵世代一样，沉默世代的学习主要来自实践经验和踏实劳动。

这个时期有一个持续的主旋律：孩子应该被看管，不用倾听。因此，在这个时期出生的他们被归类为"沉默世代"。除了保持沉默的需要，20世纪50年代初，参议员约瑟夫·麦卡锡在公众中煽动反美情绪的恐惧，因而对美国人来说，当众公开谈论自己的想法、观点或信仰是一件危险的事情。随着麦卡锡主义不断蔓延，沉默世代始终谨言慎行，但他们愤怒的声音最终在20世纪50、60年代的民权运动中彻底爆发。

家庭中的大兵世代和沉默世代

1945年"二战"结束，美国人见证过希特勒和纳粹政权的种族主义和种族屠杀，因而战后他们可能已经失去了天真无邪，但幸存下来的大兵世代全力以赴，创造了20世纪50年代强健的美国经济。这些老一辈的美国人是乐于奉献、十分忠诚的角色1劳动人军，通常会在同一家公司工作数十年。作为一个群体，他们尊重权威、遵纪守法、生活保守。他们共同创造的美国经济，预示着前所未有的经济增长和繁荣时期的到来，很快，美国就成为全球最富裕的国家。

伴随着社会和工作机会的涌现，婴儿出生也迎来高峰期，1946至1964年期间出生的婴儿数量约7700万。这一时期的社会核心信念是生命、自由和追求幸福。虽然这些美国人见证过人性最阴暗的一面，但是他们的集体角色4最看重的是家庭、人际关系和传统价值观。他们甘愿为自己所爱的人做出牺牲，希望自己的孩子实现美国梦，也就是事业有成、出人头地。

一般而言，这个时代只有收音机和少量电视机会干扰人们日常生活的宁静，他们拥有充裕的时间，生活节奏可控。战后大兵世代的角色4设定了他们的生活基调，人们被鼓励停下脚步、停顿下来、深呼吸，彼此真心连接。家庭聚会登上中心舞台，因此，人际关系和代际关系非常融洽。

日子缓慢消磨，人们随意逗留，拥有高质量的相处时光。晚宴都有计划，从不错过。人们对来访者实行"开门政策"，因而邻居会经常串门。父亲带着孩子去钓鱼，为妻子制作家具，为年幼的女儿建造玩具屋，而母亲则用美味的家常菜款待家人。男人们聚在各种设备前收听新闻，女人们聚在一起摆八卦、缝补、装罐头和聊孩子。

作为一个社会，美国人为失而复得的自由拥有共同的感恩意识，他们感激现有的生活，希望未来更美好。然而，在社会和角色4的和平之下酝酿着不安：不同种族和不同性别之间存在着经济和社会不平等。大兵世代和沉默世代曾经感受过现状的压迫，因此，他们的角色2表面上看似和平，现在获得了发言权。他们的不满最终爆发，形成民权运动以及20世纪70年代兴起的女权运动。

职场中的大兵世代和沉默世代

在"二战"后的和平时期和国内动荡时期，四个角色的职业选择是较为可预测的。角色1主导型男性看重金钱，寻求需要高学历和领导力的工作，拼命攀登社会阶梯。角色1男性成为公司高管、银行家、医生、律师、政治家、军官、工程师、会计师、广告人和营销人。这些人的社会地位和财务状况都很好。他们会结婚，根据不同的宗教信仰，平均会生养三个孩子。

角色3男性会忽视正规教育，寻求蓝领工作，包括水暖工、建筑工、公交车司机、机械修理工、管道安装工、仓库工、工厂工人、模具工、农场主以及与交通运输建设和运营相关的各种工作。这些男性动手能力强，通常成为其行业师傅的学徒。角色3男性看重外在的组织结构、冒险的感觉和稳定的收入，因此，军警类职业对他们充满吸引力。

20世纪50、60年代，许多角色1女性都是出色的妻子和家庭主妇，因为要管理孩子四处乱跑的家，就需要具有计划组织能力。虽然传统上"二战"后美国女性婚后都在家带孩子，但必须指出的是，有些角色1女性很特别，她们会努力求学，长大后获得经济和社会独立。这个时期角色1女性最好的"户外"工作包括教师、秘书、速记员和护士。

年轻女性结婚生子一直是20世纪50、60年代的社会规范，而20世纪70年代美国女性申请离婚的案件数量却破了纪录。美国国会于1963年通过了《同工同酬法案》，1964年通过《民权法案》。1972年，《教育法修正案第九条》颁布实施，保护女性接受教育的平等权利，于是，性别战争由此开始。男性和女性都可以上大学，这在美国历史上尚属首次。高学历和高技能的角色1女性开始涌入职场，成功打败角色1男性，获得以前只为男性保留的职位。

到了20世纪70年代，未受过大学教育的女性也纷纷进入职场。很多女性成为服务员、工厂工人、医院护工、推销员、旅行手续代办员、乘务员、农场工人、客服人员或儿童保育员。

"二战"后的美国男性看重人际关系、社区、家庭和奉献，他们的角色4设定并主导着战后生活的总体基调。这些角色4男性是全局思维者，他们系统性地思考，创建了反映其价值观的经济。为了经济建设，他们投身于工程师大军的培养，很多角色4成为大学教授，培养聪明的年轻人成长。这些男性致力于建造美国郊区的基础设施，是所有系统的坚强支柱。这些男性下班之后的生活充满创造性、家庭观念和对美好明天的愿景。

婴儿潮世代：功利的奋斗者

"二战"后出生的婴儿潮世代（1946—1964）多达 7700 万人，他们的父母没有获得机会，于是将各种机会都倾注给子女。婴儿潮世代（有些人也称之为"我"世代）获得不计其数的机会，确信自己长大后可以实现美国梦，事业有成、出人头地。当然，整体而言，社会存在着各种差异。婴儿潮世代拥有的财富超过以前的任何世代。伴着民谣摇滚的乐曲、摇滚乐刺耳的吉他声以及迪斯科的切分贝斯音，他们精力充沛地舞过一生。

1964 年，年龄最大的婴儿潮世代已经到了 18 岁，很多人都在接受高等教育，拥抱 20 世纪 60 年代的反文化潮流，而很多应征入伍的婴儿潮世代却稀里糊涂地远赴越南作战。约有 20 万风华正茂的嬉皮士因为致幻毒品而送命，另有 20 万人年龄太小，无法参与泛滥的毒品文化，她们是时髦少女，痴迷于流行偶像，哼着流行音乐。婴儿潮世代拥抱各种形式的娱乐、时尚和物质主义。他们是极端的消费者。

对婴儿潮世代来说，1963 年肯尼迪总统遇刺身亡和 1969 年人类登上月球都对他们的世界观造成了深刻的影响。越南战争、越战老兵回国以及 1974 年尼克松总统被弹劾下台，也是如此。这些事件，加上已经发酵的民权运动，都严重加剧了政治动荡和不信任。不过，即使处于这种社会动荡，美国经济于 20 世纪 70 年代达到鼎盛，美国人依然相信婴儿潮世代能够、也应该实现美国梦。角色 1 婴儿潮世代购置房产，安顿下来，追随父母的脚步进入职场。

二十世纪七八十年代，美国婴儿潮世代可以获得的工作，大多数都属于制造业，既有流水线工作，也有管理工作。美国的教育体系原本由各州管理，后来于 1954 年收归为联邦政府管理，这个教育体系采用传统的、强调事实和细节记忆而非创造性的左脑教学工具，为各个年龄段的婴儿潮世代训练左脑技能。

婴儿潮世代是首个将角色 1 的物质回报价值观置于角色 4 的人际关系和家庭价值观之上的世代群体。

完成 4 年中学教育的婴儿潮世代人口所占的比例在 1964 年至 1980 年有了增长，白人由 50% 增长至 70%，黑人和其他种族婴儿潮世代由 25% 增长至 50%。他们学到的东西大都源于实践，因此，大量的婴儿潮世代被训练为"工蜂"而不是批判思维者或独立思考者。数百万不同年龄、种族和性别的婴儿潮世代挤进空缺的工作职位，20 世纪 70 年代，职场价值观已经变为角色 1 文化，上班时间优先于家庭时间。

随着名牌和品牌的大量涌现，20 世纪 70 年代盛行物质主义文化。为了得到昂贵的手表或去夏威夷度假，角色 1 婴儿潮世代愿意每周工作 60 ～ 80 小时。对婴儿潮世代来说，努力做好工作，获得物质回报，比缺乏睡眠更为重要，黑眼圈是他们的荣誉勋章。婴儿潮世代是首个将角色 1 的外在物质回报价值观置于角色 4 的人际关系和家庭价值观之上的世代群体。这个时期的离婚率达到创纪录的水平，也就不足为奇了。

　　婴儿潮世代和老一辈美国人一样，接受的也是采用左脑教学工具的教育体系的左脑技能训练，但老一辈美国人也注重右脑创造力和良好的人际关系，因此，他们创建的社会和经济拥有更平衡的角色1和角色4价值结构。老一辈美国人通过左脑组织技能创建世界，而但他们基于角色4的价值观管理自己的社区和家庭。

　　婴儿潮世代成长于老一辈美国人充满关爱的角色4家庭，他们选择（也许是无意识选择）生活和领导世界的方式，是认为自己所得都是应得，而不是感恩自己的所得。当婴儿潮世代转而看重他们的角色1而非角色4时，他们就开始创建我们今天生活的这个角色1主导的社会。

　　因此，现在我们自我价值的衡量标准，不是我们是什么样的人，而是我们拥有什么。整体而言，我们右脑的友善、同情心、诚实、坦诚、重视健康的人际关系等价值观被牺牲，取而代之的是我们的左脑竞相求取豪宅、游艇和豪车。当然，老伴不再有用，因此，我们需要换个伴侣。

X 世代：挂钥匙儿童

　　婴儿潮世代之后，1965 至 1976 年诞生了一个数量较少但非常重要的群体：X 世代。还记得吗？20 世纪 70 年代老一辈的美国角色 1 女性申请离婚的数量创造了纪录。此外，随着更多的女性进入职场，已婚夫妇成为双收入家庭的比例非常高，结果就是催生了放学回家后无人陪伴的 X 世代儿童。这些挂钥匙儿童（后来得到的昵称）要做家务，完成作业，照料更小的孩子。作为一个群体，他们从小就培养起强烈的角色 1 责任感和独立性。

虽然离婚是家庭的灾难，但离婚极大地刺激了经济。离婚女性要开设自己的银行账户，因而增加了银行业务；现在，妈妈和爸爸分居两处，因此，所有东西都会购买两份。X 世代儿童来回穿梭于父母的两个不同世界。这些孩子被训练成适应力强、有韧性的角色 1 独立思考者。

X 世代孩子从小就被给予各种眼花缭乱的电子设备。20 世纪 70 年代末，掌上电子拼读设备面向 X 世代孩子推出；20 世纪 80 年代初，电子游戏风靡全球。这些孩子长大后成为角色 1 科技通，随时准备征服下一个电子设备。通过遥控器，他们成为技术大师，无所不通；有时候他们还不认字，就教他们的父母和祖父母如何播放录像带。

除了拥有角色 1 技术知识，这些 X 世代孩子还借助电脑、电子游戏等右脑工具学习数学、阅读等左脑技能，这给他们的大脑进化带来了革命性的影响。左脑和右脑学习新知识的方式大不相同。例如，你可以提问 "4×3=？" 训练你的左脑通过死记硬背来学习乘法表；也可以展示 "4 只猴子 +4 只大象 +4 只鸵鸟" 的图片，训练你的右脑解决这个问题。由于这种借助电脑和电子游戏的右脑训练方式，X 世代要比婴儿潮世代、大兵世代和沉默世代更擅长空间思维和形象思维。

此外，X 世代所接受的教育，不只是通过他们学会使用的技术工具和游戏课程，还通过他们研究这种技术如何使用时所展现的坚定决心。这些孩子成为探索者，从小就学会捣鼓、按键和试错，搞清楚如何启动电子游戏。婴儿潮等较早的那些世代往往不知所措，害怕得胡乱按一通按钮，结果不是损坏了电脑，就是丢失了他们的资料。这两个群体完全不同，不只是对科技产品的感受不同，对科技产品的使用方式也不同。婴儿潮世代愿意了解电脑系统和程序，但大都是因为希望让电脑为其所用。X 世代成长于电脑世界，他们不只是精通电脑，还会给电脑编程，创造新的应用。

在大脑层面，这意味着儿童思维训练方式的巨大转变。20世纪90年代中期，美国的X世代孩子开始借助"跳跳蛙"教育训练游戏等学习工具来学习阅读。因此，他们学会了如何建设性地同时使用左右脑。1993年，互联网上线后，X世代迫不及待地全身心投入这个激动人心的科技新世界。

随着X世代逐渐成熟，大体而言，他们并不赞同婴儿潮世代的价值观，将所谓的成功阶梯视为破坏其家庭幸福的途径。在很多X世代的眼中，婴儿潮世代是肤浅的群体，把名牌和资产看得比人际关系更重要。婴儿潮世代关心的是自己在群体中的地位，而X世代不想同这个群体有任何关系，他们讨厌那些试图收买他们的婴儿潮世代。

婴儿潮世代喜欢说"哇，看看我多有钱"，X世代则喜欢说"哇，看看我多特别，多么与众不同"。X世代个性独立，这符合美国20世纪80、90年代盛行的个人主义文化。一切都是大胆冒险，极限运动和蓬松长发、垃圾摇滚成为时尚。摇滚乐盛行，音乐电视（MTV）风靡全球，以其他任何东西都无法企及的方式道出了这个群体的内心想法。彩色眼影搭配荧光服饰，几乎没有孩子会"宵禁"，因为没人在家监管他们。对这个群体来说，录像店不只是闲玩的地方，也是他们首要的快乐之源。

即使X世代发展出强大的角色1，他们富有创造性和探索精神的角色3也会参加极限运动和其他各种活动。X世代从小就玩双人乒乓球、吃豆人等电子游戏及其升级版本，只要玩得好，就可以获得通关升级奖励。X世代群体通过玩游戏明白了，只要让他们注重秩序和独立思考的角色1与富有创新精神的角色3协同合作，他们就可以获得巨大的回报。由此，X世代培养出不断进取的个人能力。

X世代大学毕业进入职场后，他们角色1的独立思维能力太强，因而不适应婴儿潮世代要求大量加班、循规蹈矩的盒子世界。相反，X世代建造了家庭办公室，通过电脑程序，将他们认为过时的基于工人的工作系统变成自动化工作系统。这个群体喜欢独立，要孩子的时间往往比他们的父母更晚；对年轻的 X 世代母亲来说，弹性工作时间是求职的重要选项。

虽然 X 世代从小就认为拥有住房是一个不错的想法，但与他们的父母不同，他们往往是"月光族"，把钱花在各种冒险活动上。1980 年约翰·列侬遇刺身亡，1981 年里根总统被枪击，这两大事件对 X 世代影响极大。1986 年，"挑战者号"航天飞机发生爆炸，动摇了他们正在形成中的世界观，储蓄信贷丑闻强化了他们对这个体制的不信任感。X 世代群体致力于他们角色 1 的个人主义力量而非他们世代的集体力量。因此，这个群体一直谨慎地努力达到美国梦的财务要求。

2008 年，美国银行业放松要求，无须合格的信用和担保就可获得按揭贷款，于是，有些 X 世代陷入了购买房产、入不敷出的循环。2008—2009 年经济大衰退袭来，很多 X 世代失去了他们的住房和退休金财务保障。这意味着，很多二三十岁的 X 世代不得不搬回去和父母同住，多代同堂数十年来首次成为新常态。

千禧世代的孩子是如何思考的

1977 年至 1996 年，婴儿潮世代和 X 世代生育了 8350 万千禧世代孩子。千禧世代的大脑与他们的婴儿潮世代父母的大脑之间，存在着前所未有的生物学代沟。虽然 X 世代从小就使用科技产品和互联网，但从社会环境上讲，他们的大脑必须适应大兵世代和婴儿潮世代建立起来的由角色1主导的世界和职场。

数百万千禧世代婴儿第一次和名叫"华斯比"的电子宠物熊分享他们的婴儿床。因此，对大量的千禧世代来说，最初经常陪伴他们的，是由电池驱动的电子熊，它成为他们的情绪安抚者和神经调节器。换言之，千禧世代出生时的社会常态，是他们最初的重要关系是和电子产品之间的关系，这将对他们的人生造成深刻的影响。

从神经学上讲，千禧世代从小就是由科技产品抚养长大的，这些科技产品通过右脑和电脑学习工具教会他们左脑和右脑的思维和情绪技能。千禧世代与科技产品无缝地融为一体。这些孩子是在校和在家都采用电脑学习的第一个世代。他们的左脑在使用电脑的过程中得到训练，同时，电子游戏和三维教学工具使学习变得刺激和有趣，这种学习方式是书籍和死记硬背等传统方法所无法抗衡的。

幸亏有了X世代，通过右脑学习的千禧世代才有机会在更欢迎全脑思维方式的环境中长大。因此，即使千禧世代拥有强大的角色1，他们的角色3价值结构也能够更自由地茁壮成长。由于千禧世代角色3的价值观与他们的婴儿潮世代父母的角色1的传统价值观大不相同，这两个群体在职场上存在着有趣而前所未有的张力。传统职场中的大兵世代和婴儿潮世代会拼命地想办法，要么激励这些千禧世代的右脑去完成工作，要么尽力讨好他们的左脑去完成工作。

养家糊口的角色1婴儿潮世代大都忙于工作，很少在家，而那些留在家中的婴儿潮世代家长（不管是母亲还是父亲）的整个日程安排，都围绕他们的千禧世代孩子进行社交活动，带着他们四处奔波。这些婴儿潮世代父母小时候拥有大量的无计划、无人陪伴的自由时间，现在，他们像直升机一样盘旋在孩子上空，时刻监控孩子的情况。这些极端的过度保护措施养育出一群非常焦虑的角色3千禧世代孩子，他们拥有的属于自己的、不受监管的时间非常少。

因此，这个群体几乎不可能完全发展出个体的安全感。由于他们的右脑天性，许多千禧世代从小就对自己的生活缺乏掌控感。长大后，很多千禧世代运行于角色3群体而不是作为个体的角色1，因为融入集体让他们感觉更安全。

作为父母的婴儿潮世代出于善意，大都希望自己的千禧世代孩子发展右脑，参与健康的竞争，不希望任何孩子感觉被忽视或低人一等。千禧世代孩子在活动中失败，为了弥补和减轻他们可能受到的打击，只要尝试新东西，父母、团队和学校都会给他们颁发参与彩带和参与奖。我们的右脑拥抱的是集体，而我们的左脑要零和博弈，要分出胜者和败者。婴儿潮世代父母希望他们的千禧世代孩子明白：不管他们在集体中的表现如何，都具有价值。

这种人人都是获胜者的做法，进一步促进了千禧世代孩子"人人平等、人人相同、人人都是集体一分子"的右脑观念。这种做法还教会他们：只要上场，就会得到奖励。这种溺爱做法意味着，千禧世代孩子没有机会发展他们的角色2对成功和失败做出恰当和健康的反应。同时，这也极大地扼杀了他们角色1的竞争欲望，而如果想在传统职场中竞争，就需要这种欲望。

事实上，对这些右脑千禧世代来说，传统职场并不是一个让人感到舒服的地方。许多老一代的角色1商界人士从未见过他们这样的人。坦率地说，他们根本不知道如何激励这个群体，如何让他们坚持完成工作。在老一代的领导者看来，千禧世代似乎不太渴望为了高薪而受苦。在某种程度上，确实如此，因为千禧世代不会为金钱所动，对投入大量时间痛苦地挣钱也不感兴趣。如果他们不喜欢自己的工作，就会辞职，然后去寻找更喜欢的工作。

在职场中，千禧世代为之奉献的，是当下体验而非工作本身。他们富于创造性，因此，不要告诉他们做什么，相反，他们希望你提出问题，然后相信他们能找到解决办法。千禧世代是富于创造性的科技奇才，具有系统性思维。例如，在老一代的管理之下的传统工作环境中，可能有10个管理者，有1000名员工在工作。在千禧世代的世界里，可能是10个千禧世代管理者在写计算机代码，1000台电脑在工作。

右脑千禧世代为之奉献的，是体验而不是他们为之工作的公司，因此，他们工作两三年后可能就会离职，去寻找下一段体验。在左脑老一代管理的公司里，这种缺乏奉献的行为往往被视为对公司缺乏忠诚或不够忠诚。但是，对管理着自己公司的千禧世代来说，这种可预测的、稳定的员工流动是一件好事情。他们喜欢新人加入团队，因为这些人能为公司带来新的想法和技能。他们离开公司后，团队就空出了位置，迎接另一批拥有新想法的新人。千禧世代将这种人员流动视为积极因素，他们非常清楚自己的优势。

千禧世代忠实于自己的角色3价值观，非常喜欢和满足于团队工作。他们喜欢共同决策，但总体而言，他们的角色2不太发达，因而会非常敏感。千禧世代常常将批评视为人身攻击而非建设性意见。对这些脆弱的灵魂来说，要在"靠自己的力量站起来"的工作环境中建立健康的人际关系并不容易。

对千禧世代老板来说，他们认为自己的右脑领导风格的差异在于：用爱领导，而不是怀着基于恐惧、命令和控制的左脑心态去领导下属。千禧世代用同理心领导，宽容下属的犯错。

至于求职，千禧世代对自己要取得的成就有着指导原则，他们会寻找符合其价值观的工作。与老一代不同，更激励千禧世代的，不是他们的角色1能给世界带来什么影响，而是这个工作契合他们角色3的兴趣和技能。同所有世代一样，这些孩子在某个时刻被教导：要想成功，要想成为高成就者，就得吃苦。巧合的是，角色3千禧世代是第一个反抗这个体制，质疑角色1所兜售的教导的世代。千禧世代喜欢做自己想做的事，喜欢以自己的方式做事。他们不愿意继续做讨厌的工作，像老一代那样委曲求全。

千禧世代懂得人际关系和相互合作，他们完全明白：人际关系是所有公司的核心。如果领导的风格是控制式的，人际关系就很脆弱；如果员工觉得自己受到支持，就会全力以赴地表现。千禧世代清楚：营造人人都能茁壮成长的环境，你就会充满友爱和责任心，哪怕是在职场。

角色3千禧世代是第一个反抗这个体制，质疑角色1所兜售的教导的世代。

千禧世代孩子成长的世界，与以前的世界迥然不同。2001年，千禧世代孩子经历了"9·11"恐怖袭击事件，见证过他们所爱的人和尊敬的人流露出悲伤、沮丧和恐惧。千禧世代从小就认识到这个世界充满危险，2008年，股票市场崩溃，许多家庭失去了住所和财务保障，又强化了他们的这种感受。千禧世代的父母这种不稳定的生活，进一步加剧了他们的焦虑，因此，现在依赖抗焦虑或抗抑郁药物的人数之多前所未有。此外，现在滥用处方药品的千禧世代的人数也创纪录。

这些孩子从小就有着强烈的焦虑感和不安全感。同时，他们从小被教导并相信：他们可以成就任何事情、成为任何人。他们很难意识到，在我们这个社会，这完全是不真实的。这个群体不但被父母直升机式地监管，没有任何机会自己去探索这个世界，而且从小就生活在社交媒体中，这些社交媒体和参与奖共同作用，训练他们依靠外部因素来确认自身价值。婴儿潮世代父母通过和邻居攀比来确定自我价值，而千禧世代对自我价值的确定，是基于他们在社交媒体平台上获得"好友、点赞、点击"的数量的多少。

千禧世代生来就与手机相连，仿佛手机是他们身体的一部分；离开手机，他们就会体验到强烈的"戒断反应"和焦虑感。千禧世代获得新闻消息，是通过社交媒体、美国有线电视新闻网APP、推特、美国国家公共广播电台（NPR）以及其他任何富有吸引力的APP。他们使用短信或推特发送短信息，通过抖音（TikTok）、Instagram等各种信息平台发送短视频。如果你是依靠电话交谈了解千禧世代孙辈的生活近况的老一辈美国人，那你可以试试视频通话软件FaceTime、视频会议软件Zoom或即时通信软件Skype，就可以更迅速、更便捷地联系他们。

与老一代不同，千禧世代从小就浸泡在手机世界里，对于"手机APP会追踪他们，还会盗取和售卖他们的资料"，他们根本就不当一回事儿。即使知道到处都是摄像头，我们生活的社会没有真正的隐私，这些孩子也不会感到不安。对千禧世代来说，这个世界自他们生下来时就是如此，他们予以坦然接受，因为对他们而言，"一直都是这样"。

千禧世代是真正富有魅力和创造力的群体，他们内心是艺术家，忠于自己的右脑价值观。他们确实在意自己的咖啡看上去是艺术品。他们是聪明的群体。他们中很多人会观看TED演讲，关注世界的近况，他们非常关心自己会对人类健康和福祉做出什么贡献。千禧世代喜欢去有团队精神的公司工作，关心社区，仅仅放假一天都会去做慈善事业。他们获得最大回报的时候，是将自己的善行贴到社交媒体，因为必须让他们的同龄人知道自己在做些什么。对千禧世代来说，最艰难的事情是感觉孤身一人，感觉无法融入自己选择的社交圈子。从小，随时陪伴千禧世代的就是科技产品，对他们而言，孤独会触发强烈的焦虑和抑郁，最终造成了目前严重的自杀和吸毒现象。正如神经细胞需要和其他神经细胞建立强大的连接，同样，千禧世代拥有健康的人际关系才会茁壮成长。

Z 世代：懂科技的全脑思维者

千禧世代之后，是出生于 1997 年至 2010 年的 Z 世代，他们通常是独立性极强的 X 世代的子女。这些 Z 世代孩子甚至比他们的父母更有全脑思维、更独立。这有几个原因：第一，在 X 世代的养育下，这些孩子拥有功能高效的角色 1；第二，Z 世代使用右脑学习工具来学习东西，从而训练出了强大的全脑思维；第三，正如 X 世代不得不将自己精通科技产品的全脑思维融入左脑主导的婴儿潮世代体制那样，Z 世代也在将他们的全脑思维融入右脑主导的千禧世代世界。因此，Z 世代在生物学和文化上都是第一个全脑型的世代。

同千禧世代一样，Z 世代早在摇篮里就和科技产品缠在一起，他们中很多人还不会说自己的母语就会说谷歌语言。然而，与在集体中茁壮成长，渴望加入社交网络的千禧世代不同，Z 世代在社交上更为自制，更喜欢和科技产品交往，不喜欢人际交往。

还要意识到，Z 世代有意识地将科技工具与他们的日常生活融为一体，他们实际上将科技产品视为自己的延伸。他们有手机 APP 监控身体的主要器官、计算走路步数、记录呼吸频率、跟踪睡眠状况、降低心率、减轻抑郁以及你能想象到的任何方式自我娱乐。手机 APP 会告诉他们吃什么，每天在社交媒体上所花时间何时达到上限，何时应该睡觉——还有手机 APP 为他们播放德尔塔脑波音乐，帮助他们提升睡眠质量。

随着这些情况的发生，随着这些年轻人日益被科技产品自动化调节和神经调节，我们之间的代沟也日益加深。相较于具有传统的思维、价值观和行为的大兵世代和婴儿潮世代，这些孩子（以及随后的阿尔法世代）在神经学上非常独特。过去 100 年来，我们大脑的主导角色和价值观已经发生转变，虽然数十年前我们就知道人际关系有助于建造更为健康的神经网络，但科技产品正在导致严重的人际断连。

虽然我们可以使用科技产品来提升人际交流的频率，但是不会带来积极刺激大脑的人际交流火花。我们人类是天生的社会动物，我们与科技产品的关系正在损害我们的大脑。针对不同世代中感觉孤独者的比例的研究表明：科技产品的发达程度与自述的孤独感程度呈正相关。大兵世代和婴儿潮世代从小就没有同手机、平板电脑和电脑关系紧密，他们自述的孤独感要低于那些整天浸泡在科技产品中的年轻世代。此外，使用科技产品的不健康边界已经成为寻求心理治疗的夫妻和家人所抱怨的头号问题。再加上电磁辐射对我们的生理系统具有未知的影响，科技产品日益变成无人驾驶的失控列车。

2001 年，全脑 Z 世代孩子还未出生或年纪幼小，而此时的美国正经历着"9·11"恐怖袭击带来的社会创伤和创伤后的应激障碍。此外，2008 年发生的金融危机使迪士尼度假变为宅度假。因此，这些孩子很快就认识到这个世界充满危险，他们的角色 2 完全有理由沉浸于恐惧之中。此外，政治分裂已成为我们日常生活的一部分，尤其是这些年轻世代，他们感觉自己是没有价值的人际网络成员。

和千禧世代一样，Z 世代在大量时间里都在运行"战斗—逃跑或装死"响应，而且尚未积累起多少财富。这些年轻世代不想安顿下来或购买住房，渴望四处流动，因为移动的目标更难被抓住。

同他们的父母一样，Z 世代也非常独立，看重他们角色 1 的个性，对适应体制"盒子"毫无兴趣。因此，很多 Z 世代根本不选择上大学。这个群体动动手指头就可以获得大量的信息，他们实际上是作为强大的角色 1 与科技产品共存，同时遵循他们角色 3 的价值观。如果需要什么东西，他们会通过亚马逊下单，不管他们在哪里，都可以马上送货上门。角色 3 非常喜欢科技产品提供的即时满足。

Z 世代天生就是计算机程序员。他们中很多人都赚到了大钱，而且几乎没有什么成本，因为大科技公司现在都通过互联网直接"雇用"他们的技能。事实上，Z 世代在科技界的需求量如此之大，就连谷歌、亚马逊等大公司都不再要求他们的员工必须拥有学士学位。

Z 世代对高薪工作感兴趣，你会发现他们开豪车，身穿印有字母组合的新款时装。对 Z 世代来说，他们的角色 1 通过所拥有的东西来体现自我价值，但他们得到所需的东西后就会离开，如果他们的角色 2 感觉有危险，他们的角色 3 就需要跑到别的地方。这些特征和典型的千禧世代大不相同，千禧世代群体经常去古装店或二手店购买衣服，他们更倾向于把钱捐给慈善组织，而不是用来购买个人物品。

千禧世代离不开社交媒体，而 Z 世代则将社交媒体视为生命。他们的首要关系是和手机、平板电脑或计算机的关系，因此，他们的第二习性是非常熟悉时下的文化潮流、酷炫之物和发生之事。这个群体拥有强大的右脑，更宽容不同的文化、种族和宗教信仰，尽管他们不断听见老一辈的仇视性语言。作为一个群体，这些孩子喜欢将时间用于做自己喜欢的事情而不是应该做的事情。他们是能工巧匠，他们的自豪感来自他们自己动手创造的东西。Z 世代的角色 4 喜欢建造漂亮的花园，种他们想吃的有益健康的蔬菜。他们很关心空气和水是否洁净，他们渴望保护我们的地球。

我们处于大脑被"过度消耗"的时代

我们这个社会已经到了人类与科技融合的临界点。我这样说的意思是：虽然人脑是由数十亿个相互交流的细胞组成的，但它们神奇的副产品是个人意识的体现。类似地，数十亿个人脑相互交流，共同体现人类的集体意识。我们还要明白：互联网是由数十亿台电脑通过人脑意识连接而成的，结果就形成了我们的超越科幻电影最疯狂想象的全球电脑意识。

人脑与电脑最初的关系，是我们人类建造和影响电脑。不过，到了千禧世代和Z世代，互联网会追踪我们的网上活动、住址和迁移模式、食品和商品购买、财务和政治兴趣甚至是我们的脸以及亲友联系，这些都已经变成平常之事。手机APP可以监控和收集我们的生理系统数据，还会建议我们选择怎样的生活方式。现在的融合方式，不仅在于我们赋能科技产品影响我们的思维、情绪和生理，还在于我们已经开始植入各种形式的技术和神经微芯片。这既让人感到兴奋，又让人感到恐怖。

生理系统发挥功能，是通过负反馈环路。例如，我突然感到饥饿，于是，我吃东西，然后饥饿感消失。在这个系统中，我产生了食欲，我为食欲采取行动，食欲消除后，我感到满足，系统恢复平静。这种基于负反馈环路的系统的美妙之处在于：它产生并传送需求，需求一旦得到满足，系统就会恢复自身平衡和稳定状态。处于稳定状态的生理系统可以保持平静并补充能量。有了这种负反馈环路，生命才能保持健康，因为它们尽可能少地消耗能量来发出警报，一旦警报发出，系统就会关闭能量，进入节能状态。

然而，科技产品是一种永不暂停或停止的正反馈系统。越运行这种系统——电子游戏玩得越多或浏览网站越多——受到系统的诱惑就越大，你的点击量和消耗的时间和注意力就会越多。科技产品每天24小时运行，加速并磨损我们的神经网络。电脑和互联网世界会一直运行，直到发生故障，经过维修或替换，这个系统重新启动，恢复如初。电脑驱动着我们，工作更紧张，玩游戏更拼命，思考速度更快。在认知和情绪层面，科技产品正在耗尽我们的生理系统，让我们很容易上瘾。

不可否认的是，科技产品的确为我们提供了便利，帮助我们提升效率，如果合理使用，可以为我们的工作和生活创造更健康的平衡。不过，科技产品也会鼓励我们"快点儿、更快点儿"，这种心态不但会破坏我们与周围人的关系，还会破坏我们大脑的健康。我们的大脑基本上就是我们生活中的"硬盘"，每天都从电视、手机、社交媒体、科技驱动的运动计划和工作电脑中写入数十亿条科技"饼干"[1]。

我们每天（即使不是每天几次）都应该清理"垃圾文件"，重启我们的大脑，以便达到最佳的运行状态。要恢复负反馈环路驱动的生理系统，我们必须定期按下"暂停键"，让我们的大脑有机会刷新，重新校准并恢复"硬复位"。这就是睡眠如此重要的一个原因，也是我们每天多次有意识地选择角色对话的一大好处。我们能够选择自己想成为哪个角色、如何成为这个角色，我们能够自我帮助，不管我们是渴望感恩的"刷新"时刻，还是需要这样的时刻。

尽管存在着代际差异，我还是在那次TED演讲中说："我们是能量生物，通过右脑意识彼此相连，成为人类大家庭。此时、此地，我们是这个星球上的兄弟姐妹，我们来到这里，是为了让这个世界变得更美好。此刻，我们是完美的，我们是整全的，我们是美丽的。"

---

1 cookies，计算机术语，是指未经电脑使用者认可，由服务器直接写入使用者硬盘中的小型文档。——译者注

13

全脑思维训练：
成为更加完整的人

我们是宇宙的生命力，
拥有灵巧的双手和认知的左右脑。

在此，我想说：我的四个角色非常感激你的四个角色，感谢你陪伴我踏上这个旅程。

虽然我的那个 TED 演讲曾经并将继续风靡全球，但是对我来说，更为重要的是："我们是完美的、整全的、美丽的"这一信息不只触动你"飞越"18 分钟。我希望这个信息能够坚实地植入你开放而肥沃的心田。写完《左脑中风，右脑开悟》一书后，我不打算再写什么书，除非我觉得有重要的东西可写。后来，我发现，大多数人都没有意识到自己拥有两个杏仁体、两个海马体和两个前扣带回，它们组成了两套功能不同的情绪系统，左右脑各一套；我明白了人们控制自己的情绪反应为何如此困难。如果认为自己毫无选择，我们就会自动运行。了解了影响我们做出选择的解剖学机制就会知道，我们不但会被赋能不对情绪做出反应，还能够做出明智的选择。正如玛雅·安吉罗所言：了解得越多，做得越好。

我喜欢阅读能启发思考的书籍，但我更喜欢阅读那些能助我提升意识、"进化"为最好的自己的书籍。"四个角色"框架的一大美妙之处在于：敞开心怀接纳它，它就能为你的生活时刻带来非常深刻而积极的影响。它要求你学会爱你的四个角色、爱他人的四个角色。我相信，只要你愿意深入探索这些见解并把它们运用于自己的生活，你就能获得指数级成长。

至此，你已经接触了四个角色及其在生活实践中的表现，我猜你正在识别自己和周围人的这四个角色。我希望只要让你知道了两个人之间的每次互动都有八个角色参与，你就能清楚自己应该如何选择和他人更有效地互动。我们每个人都拥有神奇的大脑和四个角色，我们能时刻选择要体现哪个角色。

我喜欢阅读能启发思考的书籍，但我更喜欢阅读那些能助我提升意识、"进化"为最好的自己的书籍。

训练我们的大脑随时在四个角色之间转换，就是在这些不同的大脑细胞模块之间建立新的神经连接。通过这些连接让四个角色随时对话，就可以赋能我们成长为最好的自己，过上有意义的生活。人类的进化是一个持续不断的过程，我们能够有意识地决定自己的发展方向，把它作为人类进化的一部分。我们拥有两个美妙的大脑半球，各自有着独特的信息处理方式。我相信，联合左右脑过上全脑生活，这是我们获得内心和平和世界和平的路线图。

变化是最确定的生活常态。我们的右脑开放、辽阔、有弹性、适应性强、有复原力，生来就是为了迎接变化。我们要学会的一种生活方式是：拥有时尽情享受，失去时感恩拥有，然后选择拥抱下一个拥有。妨碍我们表达快乐和复原力的唯一的东西，是我们的左脑回路会说："不，我不想要那个，因为我感觉不安全。"好在，我们有自动的本能反应推开危险，但我们的角色2生来就会发出警报，那不是一种生活方式。

我们的各项功能都依赖于相应的细胞，意识到这一点，我们就会明白：我们的大脑是高度复杂的细胞群，我们的情绪、体验、感受、思想和行为都只是细胞在运行回路。我们有快乐回路，也有痛苦回路，我们能够选择将能量集中于哪些回路、运行哪些回路、运行多久以及如何感受。我们可以选择将情绪消灭在萌芽状态，感受体内回路的运行，让这种情绪在 90 秒内消散，也可以让这种情绪发泄 90 秒钟，或者重复运行该情绪回路，变成持续 90 分钟或 90 年的情绪循环。

在美好的时光里，我们可以选择要运行哪条回路，同样，在艰难的时光里也可以。几年前，我的一位好友濒临死亡。她还年轻，因此，支持她的我们都感到心如刀绞。我们其实不知道要做什么，只是本能地站在一起，组成爱的"毯子"支持她。我们只想帮助这个年轻而美丽的灵魂在爱的拥抱中"离开躯壳"。

凯特去世前的那个晚上，我们四个人坐在床上依偎着她。凌晨两点，她感到胸闷，呼吸变得困难，身体颤动，发出临终的喉鸣。那个时刻，我意识到，这段记忆可以是我余生最严重的创伤（角色 2），也可以是我今生最美（角色 4）的回忆时刻。我选择了最美的回忆时刻，进入我的角色 4，低声说道："没事的，会没事的。你只会死一次，请享受这个旅程。"很快，她的呼吸变弱，房间里的紧张气氛消散了。我们都接受了这个事实。我们走出我们角色 2 的恐惧，进入我们的角色 4 领域。我们围着凯特，直面她的死亡这一必然的事实，欣然接受自己能够真正爱一个人，陪伴着她进入天堂。最终，她走得安详宁静，这对我们其他人来说是一大恩赐，因为这就是我们的选择。

当我们的角色 2 深陷痛苦，我们如何赋能自己的角色 4 呢？有时候，这种转换确实很难，但即使是最艰难的时候，我们也能够选择要体现哪个角色。如果他人愿意同我们合作而不是对抗，我们就会拥有无限的力量。

我过去总认为我的母亲至少可以活到 100 岁，因为她有家族长寿基因。我的曾外祖母活了 98 岁，我的外祖母活了 94 岁。2015 年 5 月，就在我父亲刚去世 3 个月后，我没想到，88 岁的母亲被诊断患上了晚期癌症，最多只能活 5 个月。你可以想象，想到会失去"妈妈"，我的角色 2"阿比"深受打击。母亲给了我两次生命，是我终生的密友和得力助手。她拯救了我，支撑我中风康复。失去她，我的角色 2 痛不欲生。

　　不过，多亏我经历过中风，我才知道：虽然我的母亲相信她来自尘土，会完全消失，归于尘土，在宗教信仰上是不可知论者，但我非常清楚我们的角色 4 的意识和力量。对于我们面临的状况，我们的四个角色有着各自的反应。我的角色 2"阿比"感到痛苦不安，但我的角色 1"海伦"感到庆幸，庆幸我们有了确定的时间表，可以好好计划，一起走完这段路程。我的角色 3"皮彭"感到兴奋，完全不管任何日程安排，只活在当下的快乐中。我的角色 4 则感到宽慰：虽然失去这种生命形式的母亲会给我宁静的生活留下巨大的缺憾，但我随时可以在她安息而孤独的时刻和她交流。我的角色 4 宽慰母亲说："虽然你是不可知论者，但是我相信你死亡时会感到愉悦和惊喜。"她面无表情地看着我说："我想我会看见的。"

　　母亲的角色 4 决定：她要在剩下的时间里真正地拥抱生活，而不是表达角色 2 非常擅长唤起的那些悲伤、害怕、恐惧和眼泪。我告诉她，我基本赞同她的计划，但我的"阿比"可能经常需要"妈妈"的安慰。经过口头协商，我们达成协议，商定今后几个月的计划，并最终举行了一场舞会。母亲还希望尸体被火化，于是，她最亲近的 35 位好友，带着食物和母亲那个时代流行的音乐播放清单前来，我们和母亲一起度过了一个充满爱意的夜晚；她分享着智慧之言，我们装扮着她的骨灰盒。我现在还珍藏着那段视频：播放着她最喜欢的"励志"乐曲——由本尼·古德曼演奏的单簧管曲《萨沃伊的沉重舞步》，她围绕着自己的"爱之盒"翩翩起舞。

母亲咽下最后一口气时，我以为我的角色 2 会崩溃、哭泣。令人意外的是，握着母亲垂下的手，我的角色 4 仰望着房屋天花板，微笑着大声说道："妈妈，我猜你这会儿感到愉悦和惊喜吧。"接着，我心情愉悦地吻别了她。我没有陷入失落和痛苦，相反，接下来的几个星期，我都在有意识地将母亲的能量精华织入我的 DNA。当我感到悲伤涌来时，我会放声痛哭；虽然母亲不再出现于我的日常生活，但我强化了我们之间的宇宙意识联系，当我想和她聊天时，我会停下来深呼吸，我不但知道她此时就和我在一起，还知道她的能量充满了我的全身。

我们每个人的悲伤方式各有不同，但我已经明白：敞开心怀进入我的角色 4，有意识地向那些先我而去者的角色 4 袒露心扉，此时，我就会更容易连接他们。偶尔，我会陷入我角色 2 的痛苦之中，此时，我发现自己更难感觉到那种连接，似乎我的情绪痛苦阻断我感受他们的存在。因此，我的角色 2 事实上正在阻碍我连接超物质存在的能力。感受角色 2 的情绪无关于正确或错误，但如果我一路上忘记了享受和品味那些深刻的情绪（哪怕是令人痛苦的情绪），那就是时间和能量的巨大浪费。

探索你大脑的内部状况

掌握大脑角色选择与转换的策略，是我们掌控个人力量的方式。通过了解我们的四个角色和反应模式，我们就可以采取必要的步骤训练自己进行角色转换。只要愿意经常探索你大脑的内部状况，你的生活、人际关系和个人世界就会发生改变。

下面，我将给出一些建议，帮助你立即开始将本书内容运用于日常生活。选择运行哪条回路，第一步是觉察你现有的思维、情绪和行为模式。你的四个角色中，哪个角色更强大并已经在自动运行？你希望强化哪个角色？留意你现有的模式，就是绝佳的出发点。

只要愿意经常探索你大脑的内部状况，你的生活、人际关系和个人世界就会发生改变。

1. 刚醒来（和入睡前）

早上刚醒来，我会感谢那些尽职尽责唤醒我的大脑细胞。然后，我会闭上双眼，觉察活着的身体感受。我静静地躺在那里，感受我的身体姿态，然后体验自己的感受。我是完成睡眠周期后自然醒来，因而感到放松和满足，还是在睡眠周期中提前醒来，因而感觉自己似乎没有"尽兴"？

闭上双眼，我更容易连接我的内部系统，检查我的四个角色。我想一跃而起，开始做我的任务清单？"阿比"今天想怠工睡懒觉？"蟾蜍女王"想拥抱那些值得感恩的东西？"皮彭"可能睡眼蒙眬，或者在想象某个石头雕塑？我们大脑的各个角色并不是同时醒来（或入睡）的，因此，要留意哪个角色最先醒来并确定当天早上的基调。

我认为，意识到并掌控你早上的习惯，是你能轻松给予自己的最重要的一个礼物。早上刚醒来，我就知道我全身的所有细胞都在倾听我大脑里的交谈。如果是角色2首先活跃起来并宣称她感觉不舒服，那我所有的身体细胞就会关注并开始"点名"我的疼痛和痛苦。如果是角色3

抢到了早上的"麦克风"，我的神经可能会表达痛苦信息，这些痛苦会作为我存在的一部分进入我的意识背景。我的四个角色都会倾听这些"宣言"，但结果是可以预测的，都具有各自独特的模式。

例如，角色2可能会选择关注痛苦，关注痛苦的强度，无意中强化了痛苦。另外，角色3和角色4会把这种痛苦想象为能量球，当他们想象这个"痛苦之球"不断膨胀时，痛苦的控制力就会削弱。我们的右脑会为我们活着而感激不已，我们的角色3会说："痛苦，感谢你提醒我还活着。现在，我该怎样做才能感觉更好些？"角色4会说："痛苦，感谢你提醒我还活着。我还活着并能感受到这种痛苦，为此，我心存感激，因为这意味着我还有生命。"一旦我的四个角色都已插话，我就可以进行角色对话，有意识地确定当天的基调。

晚上睡觉前进行角色对话，这当然是很不错的方法，可以让四个角色安静下来，保持冷静并进入休眠模式。如果你发现你无法让自己喋喋不休的角色1或恐惧不安的角色2安静下来，可以有意识地选择进入自己辽阔而无所不包的角色4意识。他随时都在，随时都可以为你所用。请抓住这种意识，让他开启你的德尔塔脑波，帮助你进入深度睡眠。

2. 留意情绪何时袭来

起床后，我会留意自己何时开始撞上某件触发我情绪的事情。我是会思维的感觉动物，因此，就在做出情绪反应前，我会随时密切关注情绪触发因素。感觉自己愤怒的时候，只要选择感觉好玩和好奇，我就可以关闭该回路的运行。我们可以训练自己使出"组合拳"：首先是觉察，然后转移并有意识地选择脱离。

我注意到，情绪触发后，我会立即产生多种生理或解剖学反应。刹那间，我皱起眉头，仰着下巴，噘起嘴唇，眼睛望向左方，头向右倾，哪怕情绪触发物来自左方。太好玩儿了，你可以试试。要留意你情绪上来那一刻的生理反应。一旦清楚自己的反应模式，就可以训练自己留意第一波反应，然后将剩余回路（尖叫、蔑视、防卫、击打）消灭在萌芽状态。小心留意自己的反应模式，尤其是已经留意到过去我们和某些人交往时的动怒模式，即使过去熟悉的"乐曲"响起，我们也会更容易选择不同的"舞步"。当然，除非我们就想运行那条"美味"的咆哮回路。如果你选择这样做，请有意识地选择，要意识到：咆哮的那一刻，你正在造成可能引发长期后果的关系断连。

3. 留意四个角色的典型模式时刻

我每天大量运行角色典型模式。角色 1 非常有组织和秩序，她从容不迫地收拾东西、维持秩序、保持厨房整洁。我的右脑角色甚至都没注意到房间的脏乱。"海伦"只想着把事情做完，因此，只要她现身并开始忙碌，我就很容易留意到她，哪怕她只是躲在意识背景中。

如果我感觉自己偏离正轨或心情沉重，那就是我的角色 2 在痛苦或发怒。她出来"掌权"的时候很明显，因此，训练自己识别她最初的那些触发因素，我就能选择安慰她，让她尽情发泄或完全绕开她。如果我选择让角色 2 尽情发泄，就需要清醒地意识到自己可能给周围的人造成伤害。

然而，如果我满怀兴奋地准备去冒险，感觉滑稽可笑、渴望制造混乱或放声大笑，我就会向我的角色 3 问好。当我感觉心胸开阔，发自内心地感恩一切时，我就知道我处于角色 4 意识。

要留意自己角色的典型模式时刻，要感受、享受和庆祝这些时刻，这样做，可以强化回路，帮助你在需要时选择进入那些模式。

4. 每天随意地调入角色模式

留意自己四个角色的典型模式是一回事，每天还要随意地调入角色模式并清楚自己在体现哪个角色。这样做，不但你的四个角色会保持在意识前沿，你还能更细微地观察并评价四个角色的行为。

5. 安排每日角色对话

训练角色对话是一种艺术。每个角色都必须愿意参加对话，因此，在你不需要的时候进行角色对话，有助于对话变成习惯模式，当你确实需要对话的时候，就会更加习惯。熟能生巧，每天安排角色对话，可以帮助你创建和强化该回路，从而将角色对话变成一种习惯。

6. 留意你的模式

出现的是哪个角色？什么时候会出现？在寒冷的下雨天，出现的是哪个角色？在温暖的、阳光灿烂的早晨，出现的又是哪个角色？吃糖或喝咖啡时，哪个角色会变得兴奋？喝完牛奶或吃完丰盛的肉食大餐后，你感觉如何？哪个角色喜欢看电影或同朋友散步？哪个角色替你挑选深夜电视节目？你岳母打来电话时，你的哪个角色会出现？只需简单留意这些模式，我们就可以增加对自己的四个角色的了解。

7. 坚持写角色日志

坚持记录自己的观察，有助于洞悉四个角色的出现频率、出现方式以及惯常出现的时间。他们可能是循环出现的，也可能不是。越觉察自己可预测的模式，你就会越了解自己，也更容易选择是运行旧有的反应模式还是创建新的反应模式。

8. 为遭遇他人的角色2制订战略计划

完全而公开地展现角色2，这在过去往往不为社会所接受，因为我们的角色1经过训练而变得更有礼貌，即使意见不合，也会彼此互动。

因此，我们的角色 1 会回避角色 2 的情绪反应，休息或暂停 90 秒钟，平静下来，然后继续小心翼翼地交谈和谈判。

不过，时代和社会规范已经发生改变，如今，公开遭遇某人的角色 2，这对我们来说并不少见。要从战略高度应对这些情况，制订计划是一个不错的主意。知道你的角色 2 会对某人被触发的角色 2 做出怎样的自然反应，这是你了解、观察和转变自己的自动反应的第一步。你过去的行为可以很好地预测你今后的情绪反应，但神经可塑性是真实存在的，我们的确能够有意识地训练新的行为，在神经解剖学层面创建新的反应习惯。

要记住：两个角色 2 永远不会找到和平的解决办法。如果某人执意要表达其角色 2 的愤怒、敌意、威胁或好斗，除非你想作为角色 2 和他发生争斗，否则，就应该采取几个措施。首先，当然是保持冷静。要做到这一点，你必须进入自己的和平意识（角色 4）而非对论理的渴望（角色 1）。遭遇愤怒中的角色 2 时，如果你想作为角色 1 解决问题或理论某事，这个角色 2 肯定会拒绝成长。

如果你作为角色 3 或角色 4 遭遇了某个愤怒中的角色 2，那这个角色 2 要么会运行 90 秒钟的负面情绪后出来心平气和地互动，要么会反复运行他的负面情绪回路。要从根本上认识到：你无法阻止角色 2 表达自我，选择承认这个人深陷于情绪痛苦，可能有助于你防止他触发你角色 2 的恐惧（这当然是自然反应）。如果你的角色 1 或角色 2 介入，试图羞辱、责怪、威胁或恐吓对方的角色 2，这样做无助于灭火，只会火上浇油。虽然对方的角色 2 当时可能会变得安静或沉默，但会受到严重的创伤。控制而非认可角色 2 的能量，他的创伤回路不会消失，反而会得到强化，痛苦会加重而非愈合。

如果某人喜欢表达自己的角色 2 并反复运行该回路，那最好选择置之不理，让他自己冷静下来。我们当然不想丢下我们所爱之人的角色 2

不管，但角色 2 必须学会如何通过更成熟的、自我安抚的角色 1 或角色 4 来照顾自己的需求。当某个角色 2 被触发后勃然大怒，房间里的成年人必须保持成人模式。

内心和平真的只有一念之遥，但创建神经回路习惯则需要付出努力。我最喜欢的一段引言，来自作家、美国佛教徒佩玛·丘卓："如果我们希望世界和平……就必须勇敢地让僵硬的一切变得柔和，找到并保持这个柔和点。我们必须有这种勇气和责任……这才是真正的和平实践。"你角色 4 的内在和平就位于你的思维右脑，让你的其他角色安静下来，就是你平和自己的内心，找到柔和点的方式。

让"角色对话"成为你掌控自我的工具

健康的大脑是由数十亿个相互交流的健康的神经细胞组成的。同样，健康的社会也是由数十亿个相互交流的健康人组成的。数十年来，我们热情拥抱过冥想、瑜伽和正念练习，这表明我们非常渴望掌控自己情绪回路的自发反应。现在，我们可以采用新的工具："四个角色"。

我们是会思维的感觉动物，因此，我们不是自动运行情绪回路、做出被动反应；相反，我们能够选择按下暂停键，等待 90 秒钟，让我们情绪的生理能量流出身体，然后选择我们想要的生活。要想保持生活平衡，我们就需要保持大脑平衡，为此，养成角色对话习惯就是保持大脑平衡的伟大工具。

我们的大脑是有生命的生物网络，为我们的存在提供能量来源。然而，我们这个社会更看重左脑的价值观（更看重外在之物而非整全的自我），因此，我们很多人不可能找到真正的使命感和人生意义。我要感谢中风，让我找到了人生意义。我无意中听从了"英雄之旅"的召唤：我扔掉自己的左脑自我，打败我的怪兽，进入我的右脑领域，让宇宙意识的力量赋能我康复。现在，我站在这里，坦诚地和你们分享我获得的见解，邀请你们评估自己的"英雄之旅"的进展情况。

在本书的开篇之处，我和你分享了有关你的四个角色的具体信息。现在，我们来看看你的四个角色彼此会说些什么。

对你的角色1，你的其他角色会说：

你做到了，谢谢你。你经受了挑战，你现在更了解我们其他角色，你如此有力地把我们聚在大脑和这个世界里。你自己可能没意识到，但我们其他角色对你都心存感激，感激你愿意承担天生的责任：保护我们、约束我们。

当你作为我们生活中的成人权威出现时，请相信：我们清楚，没有你，我们的生活和世界就会毫无秩序。角色1，我们都需要你，需要你的付出才能茁壮成长。我们需要你的约束，帮助我们营造家庭秩序、校园安全和政府文明。因为你的纪律性、判断力、规则和秩序，我们这个世界才能正常运转。

感谢你始终忠于职守。感到疲倦或烦恼的时候，请先好好睡一觉。醒来后，神清气爽，准备又开始奋斗的时候，请挤出一点儿时间让我们其他角色进入。请记住：我们同属一个大脑，如果你愿意和我们一起思考，这个世界就会成为我们自由漫步的庭院，我们会快乐、整全和团结。我们想提醒你：我们重视你的努力，我们是你的啦啦队。我们一起组成伟大的团队，进行角色对话是一个不错的主意，而且就在一念之遥。

对你的角色 2，你的其他角色会说：

看看——你做到了，我们爱你，因为你愿意坚持了解我们其他角色。我们希望你感受到被看见、倾听和重视。你愿意做出牺牲、愿意走出宇宙流，你处于保护、防卫和进攻的前线。我们需要你，我们爱你。你是我们成长的利刃，倾听你的时候，我们直面自己内心深处的恐惧，让我们最神秘的自我获得最伟大的见解。

角色 2，我们最脆弱、最无辜的自我是你赐予的礼物。我们坚信，你的宝贵无与伦比。请相信：我们在竭力听从你的警告、过着最好的生活。希望你随时都能感觉到我们其他角色对你的支持。角色 1 随时会现身保护你，角色 4 永远爱你，角色 3 随时准备陪你玩耍。当你感觉孤独的时候，你并不孤单。我们随时都在，和你站在一起。

对你的角色 3，你的其他角色会说：

我们累坏啦，哇，真好玩，祝贺你！你是我们生活的快乐源泉。你带来的美，远超我们的想象。因为你的好奇心、好玩天性和慷慨，我们才能彼此真心交流，才能和他人真心交流。

犹如一个巨大的、美丽的、闪光的神经细胞，你热情地、无须理由地伸出援手，勇敢地担起自己在人类意识中的职责。

你是我们生活的火花塞、前进的动力、我们与他人的亲密连接。感谢你阅读本书。感谢你通过自己的存在提醒我们：我们是多么美丽，生活是多么伟大的馈赠。通过与他人分享你的见解，我们作为一个集体将和平带给这个世界；因为有我们，世界变得更美好。

对你的角色4，你的其他角色会说：

我们非常感恩，有幸和你分享宇宙意识。由于你的见解、你和宇宙的连接，我们才深刻认识到：我们是完美的、整全的、美丽的。

现在，我们换个方向，看看我的四个角色对你的四个角色会说些什么。

我的角色1"海伦"会说：

感谢你的四个角色，感谢你们致力于让自己的生活以及周围人的生活变得更加友善、和谐。和平就在一念之遥。我们能够改变社会，也能够改变这个世界，因为外部宏观宇宙是由我们内部的微观宇宙组成的。感觉内心和平，我们就会投射和平，世界的和平力量就会增长。愿意展现整全的自我，我们就可以创造理想的世界；需要帮助的时候，大脑角色对话就是有效的工具。因此，让我们采用这个工具，成为自己想成为的人。

我的角色2"阿比"会说：

我有很多话要说。当我感觉孤独、受伤害或情绪被触发时，我希望本书可以帮助我们（角色2）更快地感觉好起来。因为我们（角色2）过于强大、让他人感到恐惧，我们这个世界才变得混乱。哪怕是一丁点儿的刺激信息，也会让我们感觉受伤害、被冒犯和愤怒，这是我们的本性。我们会尖叫、好斗、苛求和操控他人，有时候，我们甚至会攻击、恐吓他人，把他们赶跑。我们这样做，是为了显示力量、保护自己。

请其他角色记住：情绪被触发的瞬间，我们角色2就会运行"战斗—逃跑或装死"程序。因此，在无意之间，我们不但和他人断连，还和自己断连。请相信我们：在情绪反应时刻，我们的自然反应就是破坏关系、把人赶走，而我们其实渴望连接，但不知道如何做，这同样让我们抓狂。当我们和大脑的其他角色缺乏强大的连接时，我们更容易自动做出这样的反应。请不要嫌弃我们，我们需要你们的爱。

同时，我们也是受伤的孩子，生气的时候，我们不想为自己的想法、情绪或行为负责。一想到要为自己的情绪或认知承担责任，我们就感到非常难受，不相信自己会做得更好或变得更好。正因为如此，我们才会质疑其正确性，因为我们都知道：自动运行、肆意发泄负面情绪（尤其是可以匿名的时候），那感觉绝对很爽。

进行角色对话的时候，我们（角色2）感觉不太会自动运行，因为他们会强化我们的意识能力。知道其他角色在支持我们、爱我们，我们就会更健康、更有连接感。因此，如果我们在抱怨、寻衅，请你们记住：我们永远长不大。我们是脆弱的孩子，我们深陷痛苦之中。请不要有意激怒我们、羞辱我们、指责我们。请离我们远点儿，不要让我们纠缠你，免得发生争斗。只需作为成人自我保持平静，远远地爱我们，直到我能召集其他角色进行对话、解救我们。请为我们这样做，我们也会尽力为你这样做。也许，我们可以选择不要再互相伤害，而是帮助彼此治愈。我们愿意这样做。

我的角色3 "皮彭" 会说：

你简直太伟大了！人人为你，你为人人！

我的角色4 "蟾蜍女王" 会说：

我们都非常有幸拥有这种生命体验：物质与能量的奇妙组合，变成有生命力的能够活动、感觉、体验和思考的意识结构。我们的生命是人类历程的馈赠。当我们的意识能量脱离细胞形式时，虽然我们的生命会停止，我们的大脑会静止，但是在此世与来世、此地与彼岸、生与死、呼吸与咽气之间，我们会清晰地看见：我们是，也一直是那么完美、整全而美丽。

我多年前所做的那个TED演讲，谈到的都是我自己。现在，我要谈谈你：

你是宇宙的生命力，拥有灵巧的双手和认知的左右脑。你能够时刻选择在这个世界上要成为哪个角色、如何成为这个角色。

此时此刻，你可以进入你的右脑意识，在那里，你是宇宙的生命力。你是50万亿个美丽的天赋分子构成的生命力，与宇宙融为一体。

你也可以选择进入你的左脑意识，在那里，你成为一个独立的个体，一个与宇宙流分离、与我分离的实体。

这些就是你四个角色的"我们"。

你会选择哪一个角色？何时选择？

我相信，你选择运行右脑深处的和平回路的时间越多，你投射于这个世界的和平就越多，我们这个星球也就越和平。

我依然认为，这是一个值得传播的理念。

致　谢

我要感谢我杰出的人脉网：我的"同伙"以及整个 TED 社区。你们数年来给予我的爱和支持，使本书内容从对四个角色的基本理解蜕变为真正的范式转变：我们如何理解心理学、意识以及它们与我们大脑的深层解剖结构之间的关系。我要衷心感谢你们每一个人，感谢你们给予我的深刻见解与坦诚支持。

非常感谢帕蒂·琳恩·波尔克。因为你，本书远比我独立写作的内容更具有见解和丰富性。你的主导角色 1 的支持、幽默以及对本书内容的精通，不但拓展了我对四个角色作用方式的理解，还帮助我延伸了这场对话，让它进入遥远而重要的社会的各个角落，仅凭我自己，我是不可能漫游到那些角落的。作为亲密的决策咨询人和驱动力量，你的学识、经验以及你的四个角色（和我的四个角色）都以宝贵的方式帮助我加深了对本书内容的理解。诚挚地感谢你给予我支持、爱、时间、精力与奉献，帮助我将本书内容移出我的大脑，写到纸上并融入世界。

安妮·巴塞尔，有你担任本书的出版社编辑，我深感荣幸。即使病毒在周围肆虐，我们依然保持着专注和联系，真是不可思议。感谢你为本书增添了恰到好处的美感和清晰度。感谢你给予我所需的足够的写作自由以及恰到好处的让我保持正轨的约束。你为我和本书做出了巨大的贡献，我们视频交流真的很快乐。

米歇尔·金格拉斯，感谢你留意本书文稿的细节，帮助我始终注意语义的表达。同时还要感谢海伦妮·迪夫马克，你是非常棒的平衡力量，不断将我提升至本书的宏观视角。

埃伦·斯蒂夫勒，作为我的代理人和律师，你全力以赴地工作，期待我们再次合作。

最后，我要特别感谢里德·特雷西、帕蒂·吉夫特以及整个 Hay House 出版社团队。感谢你们的耐心、支持以及对本书的奉献。

作者简介

吉尔·博尔特·泰勒每年大部分时间都在停泊于美国东南部的一个美丽湖湾上长24米的小船上度过。在密友贝拉和芬妮的陪伴下，她忙于写作、冲浪、划船以及招待前来游玩的家人和朋友。

寒冷的季节里，吉尔会漫游世界各地做演讲，世界仿佛成了她的后院，向公众传播我们大脑的美丽与复原力。她珍视阳光、冒险、与自然及与他人的深切联系。